José Ferrer
María Pérez
Francisco Velázquez

Ciencia y tecnología de las frutas tropicales

José Ferrer
María Pérez
Francisco Velázquez

Ciencia y tecnología de las frutas tropicales

Innovaciones de productos de las frutas tropicales de mango y de caujil con tecnologías avanzadas

Editorial Académica Española

Imprint

Any brand names and product names mentioned in this book are subject to trademark, brand or patent protection and are trademarks or registered trademarks of their respective holders. The use of brand names, product names, common names, trade names, product descriptions etc. even without a particular marking in this work is in no way to be construed to mean that such names may be regarded as unrestricted in respect of trademark and brand protection legislation and could thus be used by anyone.

Cover image: www.ingimage.com

Publisher:
Editorial Académica Española
is a trademark of
Dodo Books Indian Ocean Ltd. and OmniScriptum S.R.L publishing group

120 High Road, East Finchley, London, N2 9ED, United Kingdom
Str. Armeneasca 28/1, office 1, Chisinau MD-2012, Republic of Moldova, Europe
Managing Directors: Ieva Konstantinova, Victoria Ursu
info@omniscriptum.com

Printed at: see last page
ISBN: 978-620-0-02314-8

INDICE GENERAL

ÍNDICE DE TABLAS

ÍNDICE DE FIGURAS

RESUMEN

La investigación se realizó para obtener ácido cítrico y ácido ascórbico a partir del jugo de cajuil y mango. Además, diseñar procesamientos industriales para elaborar productos de mango con alta concentración de ácido cítrico y ácido ascórbico y por otro lado, diseñar procesamientos industriales para elaborar productos de caujil con alta concentración de ácido cítrico y ácido ascórbico. En la caracterización fisicoquímica de los jugos se determinaron: pH, SST, humedad, cenizas y grasas. Además, se comprobó la eficiencia del método de titulación volumétrica y se determinaron los rendimientos de las concentraciones de los ácidos de los jugos. Los resultados fueron: pH de 4.52 para mango y 4.75 para cajuil; SST (°Brix) para mango 4.5 y 2.5 para cajuil; humedad para mango 94.94% y 96.18 para cajuil; cenizas para mango 0.15% para mango y 0.34% para cajuil; grasas 0.49% mango y 0.34% cajuil. El rendimiento de las concentraciones fue: 38.11 g/L de ácido cítrico, 11.96 g/L ácido ascórbico para mango y 19.89 g/L ácido cítrico, 8.62 g/L ácido ascórbico para cajuil. Concluyendo que el mango tiene valores mayores de SST, concentración del ácido cítrico y ascórbico, comparada con el cajuil. Las innovaciones de productos diseñados no solo diversifican el uso de las frutas tropicales, sino que también aprovechan tecnologías avanzadas para mejorar la conservación, el valor nutricional y las aplicaciones comerciales de estos productos.

Palabras claves: Ácido cítrico, Ácido ascórbico, mango, cajuil, caracterización fisicoquímica.

ABSTRACT

The research was conducted to obtain citric acid and ascorbic acid from cashew apple and mango juice. Additionally, industrial processes were designed to produce mango-based products with a high concentration of citric and ascorbic acids, as well as to develop cashew apple-based products with similar characteristics. The physicochemical characterization of the juices included determining pH, total soluble solids (TSS), moisture content, ash content, and fat content. Furthermore, the efficiency of the volumetric titration method was verified, and the yields of acid concentrations in the juices were determined. The results were as follows: pH values of 4.52 for mango and 4.75 for cashew apple; TSS (°Brix) of 4.5 for mango and 2.5 for cashew apple; moisture content of 94.94% for mango and 96.18% for cashew apple; ash content of 0.15% for mango and 0.34% for cashew apple; fat content of 0.49% for mango and 0.34% for cashew apple. The yield of acid concentrations was 38.11 g/L of citric acid and 11.96 g/L of ascorbic acid for mango, and 19.89 g/L of citric acid and 8.62 g/L of ascorbic acid for cashew apple. In conclusion, mango exhibited higher TSS values and concentrations of citric and ascorbic acids compared to cashew apple. The innovations in product design not only diversify the use of tropical fruits but also leverage advanced technologies to enhance the preservation, nutritional value, and commercial applications of these products.

Keywords: Citric acid, ascorbic acid, mango, cashew apple, physicochemical characterization.

INTRODUCCIÓN

La presente investigación se refiere a la obtención de ácido cítrico y ácido ascórbico a partir del jugo de dos frutas tropicales diferentes como lo son el mango (*Magnifera indica*) y el cajuil (*Anacardium occidentale L.*) [1, 2].

Dentro de las áreas de la Ciencia de Tecnología de Alimentos y la Biotecnología de Alimentos, ha ido en constante incremento la producción de sustancias orgánicas, que ayudan a mantener el cuerpo humano en equilibrio funcional, siendo una de ellas, el ácido cítrico, este es un ácido orgánico, presente en la mayoría de las frutas cítricas como el limón, naranja, mango, mandarina, cajuil, ente otras. Es un producto altamente cotizado a nivel mundial debido a sus propiedades acidulantes y preservantes que aseguran el sabor original [3, 4, 5, 6, 7, 8].

Por su parte, el ácido ascórbico también conocido como vitamina C, es un nutriente esencial en la dieta humana, este se puede obtener de diferentes frutas a través de procesos de extracción, purificación química y el uso de microorganismos [9].

De allí la relevancia de la presente investigación, puesto que, la industria alimenticia implementa acidulantes en la preparación de sus bebidas y alimentos para mejorar su sabor o también como conservante. El ácido cítrico es el más utilizado en la industria, pues es altamente soluble en agua, ofrece acidez y adecuado para lo mismo. Además, puede quelar iones metálicos potencialmente pro-oxidante, lo que permite a los antioxidantes funcionar con mayor eficacia en el retraso de la oxidación y deterioro del producto.

La investigación de Rosales [10], titulado: Evaluación de la concentración del ácido cítrico extraído del jugo de piña, ratificó la presencia del ácido cítrico, determinándose la concentración en la muestra a través de cromatografía líquida de alta presión. Además, se evaluó el pH y los grados Brix, como parámetros fisicoquímicos de la muestra.

Para idear una metodología eficaz, Fang [9], en su trabajo: Métodos analíticos para la determinación de vitamina C en alimentos, dejó constancia de la ventaja que tiene la HPLC (cromatografía líquida de alta eficiencia) sobre otros métodos para la determinación de vitamina C (ácido ascórbico), por la precisión de resultados. Sin embargo, en referencia a la relación costo/eficiencia, se comprobó que es recomendable la titulación volumétrica de óxido-reducción.

La vitamina C se encuentra principalmente en alimentos frescos de origen vegetal (frutas y hortalizas) y, en menor medida, alimentos de origen animal. Entre los alimentos de origen vegetal como los cítricos (naranjas, mandarinas, limones, Tampico (Jobito), cajuiles, mangos, limas y pomelos), kiwi, fresones, brócoli y lechuga, entre otros alimentos, que son fuente natural de vitamina C, y de origen animal como hígado, leche y productos lácteos (Guía de alimentación y salud de UNED [11].

Para analizar dicha problemática, fue necesario realizar el estudio preciso desde este contexto de ciencia y tecnología, lo que al presente es considerado un poderoso pilar del desarrollo cultural, social, económico y, en general, de la vida en la sociedad postmoderna venezolana.

Desde el punto de vista económico y comercial, el hecho tangible de encontrar, idear o proponer nuevos métodos, que permitan evitar el exceso de importaciones desde el mercado externo, es de suma importancia. En este panorama, Venezuela posee grandes plantaciones de cajuil y mango, estas frutas no han sido empleadas para la elaboración del ácido cítrico y ácido ascórbico, trayendo como consecuencia la importación de dichos compuestos.

Por otro lado, una metodología experimental que permita obtener ácido cítrico y ácido ascórbico, a partir de una propuesta simple y económica, es el objetivo principal de esta investigación. La metodología para la producción de ácido cítrico y vitamina C a partir del cajuil y del mango es importante, puesto que representa una oportunidad para la investigación científica, contribuyendo de ese modo con el desarrollo científico nacional venezolano.

Este trabajo de investigación se encuentra estructurado de la siguiente manera:

Capítulo I: Denominado el problema. Dicho capítulo se enfoca en definir los aspectos principales que dieron origen a la situación de estudio correspondiente, del mismo modo, se expone la formulación presentada a manera de interrogantes, las cuales funcionan como fuente de consulta de la investigación, especificando objetivo general y a su vez los específicos, permitiendo direccionar el trabajo investigativo. Finalmente, se expresan las razones que justifican la elaboración del trabajo especial de grado y su respectiva delimitación.

Capítulo II: Marco Teórico. En él se desarrollan los antecedentes que fueron seleccionados para la investigación, al igual que las bases teóricas pertinentes que hacen referencia a las variables ácido cítrico y ácido ascórbico, las mismas sustentan el sistema de variables del trabajo especial, exponiendo las definiciones nominales, conceptuales y las operacionales.

Capítulo III: Marco metodológico: Se describe el tipo y diseño de la investigación que fue implementado. Aunado a eso, se hace referencia a la técnica y al instrumento de recolección de datos, validez, confiabilidad y la unidad de análisis.

Para finalizar se contempla el Capítulo IV: Denominado análisis y discusión de los resultados. En él se muestra la incorporación de los conceptos teóricos a la práctica, mediante la interpretación de los resultados obtenidos a partir de los instrumentos que fueron estipulados con anterioridad en el Capítulo III, el cual fue implementado a la población objeto de estudio correspondiente. Además, se hace referencia a la discusión de los resultados, al igual que las propuestas pertinentes las cuales representarán un aporte importante a futuras investigaciones.

Finalmente se establecen las conclusiones, recomendaciones, referencias bibliográficas y anexos, las cuales son consideradas imprescindibles como soporte para evidenciar el contenido de estudio.

CAPÍTULO I: EL PROBLEMA

1.1. Planteamiento del problema.

La biotecnología como rama bioquímica ha favorecido a la humanidad por medio de la producción farmacéutica, alimentaria e industrial [3]. El desarrollo de diversos tipos de procesos microbianos para la producción de numerosos metabolitos y productos farmacéuticos así ha sido una alternativa en la degradación de desechos industriales y residuos contaminantes, convirtiéndolos en materias primas para la obtención de importantes productos de consumo [5, 6, 7].

Dentro de la rama de biotecnología, ha habido la producción de sustancias orgánicas, que ayudan a mantener el cuerpo humano en equilibrio funcional, siendo una de ellas, el ácido cítrico, es un ácido orgánico tricarboxílico, presente en la mayoría de las frutas cítricas como el limón y la naranja, mango, mandarina, cajuil ente otras. Industrialmente este ácido orgánico se presenta como un polvo cristalino, blanco, inodoro y con sabor ácido fuerte. Por esta razón es un producto altamente cotizado a nivel mundial debido a sus propiedades acidulantes y preservantes que aseguran el sabor original, la apariencia natural y la consistencia de productos alimenticios, farmacéuticos y cosméticos [8].

Por su parte, el ácido ascórbico, es un nutriente esencial en la dieta humana. El ácido cítrico es producido industrialmente a través del proceso de fermentación sumergida, fermentación de superficie y fermentación en estado sólido, utilizando diversos microorganismos. La Vitamina C se puede extraer de diferentes frutas a través de procesos de sintonización química y el uso de microorganismos [9].

De este planteamiento se derivan las frutas que hacen parte de esta investigación, la primera de ellas el cajuil, es una fruta de gran importancia económica por su nuez, la cual representa solo el 10 % de la misma. El mango, fruta de ambiente tropical, tiene muchas variedades y se cosecha en grandes cantidades en el Estado Zulia, Venezuela. En este sentido, la obtención de ácido cítrico y ácido ascórbico, a través de esta fruta, sería un avance hacia la factibilidad de estos [12].

El 99 % de la producción mundial de ácido cítrico se da por procesos microbianos. Se comercializa como un ácido anhidro o monohidratado, se espera una producción anual de 1.5 millones de toneladas de las cuales el 70% se utiliza en la industria de alimentos y bebidas como acidificante o antioxidante para preservar o mejorar los sabores y aromas de jugos de frutas, helados y mermeladas y el 20% se usa, en la industria farmacéutica como antioxidante para conservar las vitaminas, efervescentes, correctores de pH. El 10 % restante se utiliza en la industria química como un agente de formación de espuma para el ablandamiento y el tratamiento de los textiles [13].

En el ámbito nacional, Venezuela no cuenta con un proceso de producción industrial de ácido cítrico, por lo que dicha materia prima debe ser importada en su totalidad. La importación total anual de ácido cítrico en Venezuela alcanzó en el año 2023 las 3000 toneladas métricas, generando gastos sin incluir costos por aranceles, fletes, acarreo y otros, mientras que en el caso del ácido ascórbico no existen procesos a mayor escala e innovadores que permitan la obtención de esta vitamina a partir de frutas como el mango y cajuil.

Con base a los razonamientos realizados en el planteamiento del, realizamos la siguiente interrogante, ¿Cómo se podrá obtener ácido cítrico y ácido ascórbico, a partir de frutas como cajuil y el mango?

1.2. Objetivos de la investigación.

1.2.1. Objetivo general.

Obtener ácido cítrico y ácido ascórbico a partir del cajuil y mango.

1.2.2. Objetivos específicos.

> Caracterizar fisicoquímicamente el jugo del cajuil y mango.

> Comprobar la factibilidad del método experimental por titulación en la obtención del ácido cítrico y ácido ascórbico a partir del cajuil y mango.

> Determinar el rendimiento de ácido cítrico y ácido ascórbico, presente en el jugo de cajuil y el jugo de mango.

> Comparar la composición de ácido ascórbico y ácido cítrico en cajuil y mango.

> Diseñar procesamientos industriales para elaborar productos de mango con alta concentración de ácido cítrico y ácido ascórbico.

> Diseñar procesamientos industriales para elaborar productos de caujil con alta concentración de ácido cítrico y ácido ascórbico.

1.3. Justificación de la investigación.

El ácido cítrico ha llegado a ser el acidulante preferido por la industria de las bebidas, debido a que es el único que otorga a las bebidas gaseosas, en polvo o líquidas, propiedades refrescantes, de sabor y acidez naturales. Además, actúa como preservante en las bebidas y alimentos, contribuyendo al logro del gusto deseado mediante la modificación de los sabores dulces, asegurar la apariencia natural y la consistencia normal de los productos. También tiene diversas aplicaciones en otros sectores, tales como el farmacéutico, agroindustrial e industrial. La vitamina C o ácido ascórbico, es una vitamina hidrosoluble imprescindible para el desarrollo y crecimiento del ser humano.

A pesar de que nuestro país Venezuela posee grandes plantaciones de cajuil y mango, estas frutas ni ninguna otra, se emplean para la elaboración del ácido cítrico y ácido ascórbico, trayendo como consecuencia la importación de dichos ácidos. Éste sólo se ha obtenido en laboratorios de Instituciones de Educación Superior a través de los procesos de fermentación microbiana.

A partir de esta realidad se basa la investigación del cómo producir a partir de las frutas antes mencionadas, generar y proponer una metodología experimental que permita obtener ácido cítrico y vitamina C, a partir de las propuestas se busca generar métodos más simples y económicos. La investigación de evaluar la metodología experimental para la producción de ácido cítrico y vitamina C (Ácido ascórbico) a partir de las frutas mencionadas se justifica debido a que se le brinda una oportunidad al estudiante, para que incursione en el ramo de la investigación científica, contribuyendo de ese modo con el desarrollo científico nacional venezolana. Al mismo tiempo, es una oportunidad de adquirir habilidades y destrezas en el manejo de equipos de laboratorios de química.

Dentro de ese contexto, la presente investigación pertenece al campo de la ciencia y tecnología, lo cual hoy es un poderoso pilar del desarrollo cultural, social, económico y, en general, de la vida en la sociedad postmoderna venezolana. Además, el estudio del ácido cítrico al igual que del ácido ascórbico, es de importancia, debido a que se da a conocer la gama de usos que se le puede dar a ese ácido orgánico en favor del mejoramiento de las comunidades.

1.4. Delimitación de la investigación.

La delimitación del problema de investigación consiste en plantear de forma específica todos los aspectos que son necesarios para responder la pregunta de investigación.

1.4.1. Delimitación espacial.

La investigación de la concentración de ácido cítrico y ácido ascórbico presente en la pulpa y el jugo de mango y cajuil se realizó en las instalaciones de los laboratorios de química de la Universidad Rafael Urdaneta. Maracaibo. Estado Zulia. Venezuela.

1.4.2. Delimitación científica.

Para realizar la investigación del método experimental adecuado para la producción de ácido cítrico y ácido ascórbico presente en el mango y cajuil, está enmarcado en la Ingeniería Química específicamente en las áreas del conocimiento de la Química Analítica, Química Orgánica, Tecnología de alimentos y Biotecnología. Las principales teorías o autores consultados fueron: Ferrer, J. y Medina, A. (2024) [6], Ferrer, J. & Acosta, E. (2024) [5], Ferrer, J., Caldera, X. & Charles, Ch. (2024) [7], Fang (2017) [9], Maldonado et al. (2016) [14], Maldonado, y Liñan (2014) [15], Rosales (2010) [10], Gutiérrez et al. (2007) [16].

CAPITULO II: MARCO TEÓRICO

2.1 Frutas tropicales.

Las frutas tropicales son aquellas que crecen en climas cálidos y húmedos, generalmente cerca del ecuador, donde las temperaturas se mantienen constantes durante todo el año. Estas frutas son muy valoradas por su sabor exótico, su contenido nutricional y su diversidad.

1. El Caujil o anacardo (*Anacardium occidentale L.*).

El caujil (también conocido como cajuil o anacardo) es una fruta tropical que pertenece a la familia de las anacardiáceas, la misma familia que el mango y la piña. Esta fruta es originaria de América tropical y subtropical, especialmente de Brasil, y es conocida por su nuez comestible, el anacardo (o cajú, el marañon), que se extrae de su fruto [1, 2].

Características del caujil:

> - Fruto: El caujil tiene una forma peculiar. Su fruto es en realidad una especie de falso fruto que es una cáscara carnosa y jugosa de color amarillo o rojo, que se desarrolla del receptáculo floral. En la parte inferior del falso fruto se encuentra la nuez de caju, que es la semilla del árbol.
> - Sabor: El falso fruto (la parte carnosa) es jugoso, dulce y ligeramente ácido, mientras que la semilla es rica en grasa y tiene un sabor ligeramente a nuez.
> - Tamaño: El falso fruto es pequeño, con una forma similar a una pera o manzana.

Usos del caujil:

➢ Semilla: La semilla se utiliza principalmente para producir la popular nuez de caujil (anacardo), que es consumida tanto en su forma cruda como tostada. Además, la semilla es un ingrediente importante en la fabricación de aceites, mantequillas y productos de repostería.
➢ Falso fruto: El falso fruto es consumido fresco, y también se puede usar en la preparación de jugos, mermeladas, y postres. En algunas culturas, se prepara en almíbar o se utiliza como base para bebidas fermentadas.
➢ Aceite de caujil: El aceite extraído de la cáscara de la semilla tiene propiedades industriales, y se utiliza en la fabricación de algunos productos cosméticos, como cremas y jabones.

Propiedades y beneficios:

➢ Valor nutricional: La semilla de caujil (anacardo) es rica en grasas saludables (principalmente ácidos grasos insaturados), proteínas, y minerales como magnesio, fósforo, hierro y zinc. También contiene antioxidantes y fibra.
➢ Propiedades Digestivas: El falso fruto tiene propiedades digestivas y antiinflamatorias.
➢ Energía rápida: El caujil es una buena fuente de energía debido a su contenido en grasas y carbohidratos.

2. Mango (*Mangifera indica*).

➢ Características: Es una de las frutas tropicales más populares y apreciadas. Su pulpa es jugosa, dulce y fibrosa. Existen varias variedades de mango, y su color varía de verde a amarillo, naranja o rojo [17, 18].
➢ Nutrientes: Rico en vitamina C, vitamina A, antioxidantes y fibra.
➢ Usos: Se consume fresco, en jugos, ensaladas, salsas, o deshidratado.

3. Piña (*Ananas comosus*).

➢ Características: Fruta tropical con una cáscara gruesa y espinosa, y una pulpa jugosa y ácida. Su sabor es dulce y ácido a la vez.

➢ Nutrientes: Contiene vitamina C, manganeso y bromelina, una enzima que ayuda en la digestión.

➢ Usos: Se consume fresca, en jugos, cócteles, postres, o como parte de platos salados.

4. Papaya (*Carica papaya*).

➢ Características: Fruta de forma ovalada, con una pulpa de color anaranjado y una textura suave. Es muy jugosa y tiene un sabor dulce.

➢ Nutrientes: Rica en vitamina C, vitamina A, antioxidantes y papaina, una enzima que ayuda a la digestión.

➢ Usos: Se consume fresca, en batidos, ensaladas, o en postres.

5. Banano (*Musa spp.*).

➢ Características: También conocido como plátano en algunas regiones, es una de las frutas más consumidas en todo el mundo. Su cáscara es amarilla cuando está madura.

➢ Nutrientes: Es una excelente fuente de potasio, fibra, vitamina C y vitamina B6.

➢ Usos: Se consume fresco, en batidos, postres, o cocido como acompañamiento en algunas comidas.

6. Aguacate (*Persea americana*).

➢ Características: Fruta de textura cremosa y sabor suave, de cáscara verde o negra dependiendo de la variedad. Es un fruto graso debido a su alto contenido de aceites saludables.

➢ Nutrientes: Rico en grasas saludables, vitamina E, vitamina K, vitamina C, vitamina B6 y potasio.
➢ Usos: Se utiliza en ensaladas, guacamole, batidos, o como acompañante en muchos platillos.

7. Guayaba (*Psidium guajava*).

➢ Características: Fruta redonda o en forma de pera, con pulpa que puede ser blanca, rosada o roja, y una textura agridulce.
➢ Nutrientes: Alta en vitamina C, fibra, y antioxidantes.
➢ Usos: Se consume fresca, en jugos, mermeladas o en postres.

8. Maracuyá o fruta de la pasión (*Passiflora edulis*).

➢ Características: Fruta redonda u ovalada, con una cáscara rugosa y pulpa llena de semillas negras. Tiene un sabor ácido y refrescante.
➢ Nutrientes: Rica en vitamina C, fibra y antioxidantes.
➢ Usos: Se utiliza en jugos, batidos, postres o ensaladas.

9. Coco (*Cocos nucifera*).

➢ Características: Fruta de gran tamaño, con una cáscara dura y fibrosa. Dentro tiene agua de coco (líquido claro) y una pulpa comestible, blanca y fibrosa.
➢ Nutrientes: Contiene grasas saturadas, calcio, potasio y magnesio.
➢ Usos: El agua de coco se consume como bebida, y la pulpa se utiliza en repostería, batidos o como ingrediente en platos salados.

10. Pitahaya o fruta del dragón (*Hylocereus undatus*).

➢ Características: Fruta de cáscara rosa o amarilla, con pulpa blanca o roja llena de pequeñas semillas negras. Su sabor es dulce y suave.

➢ Nutrientes: Contiene vitamina C, fibra y antioxidantes.
➢ Usos: Se consume fresca, en batidos o en ensaladas.

11. Guanábana (*Annona muricata*).

➢ Características: Fruta verde, grande, con espinas suaves en su cáscara. La pulpa es blanca, fibrosa y muy jugosa, con un sabor dulce y ácido.
➢ Nutrientes: Rica en vitamina C, fibra, y antioxidantes.
➢ Usos: Se utiliza en jugos, batidos, helados y postres.

12. Litchi (*Litchi chinensis*).

➢ Características: Fruta pequeña, redonda, con cáscara rugosa de color rojo. La pulpa es translúcida, dulce y jugosa.
➢ Nutrientes: Contiene vitamina C, antioxidantes, y algunos minerales como potasio.
➢ Usos: Se consume fresca, en ensaladas, postres o jugos.

13. Carambola (*Averrhoa carambola*).

➢ Características: También conocida como "fruta estrella" por la forma en que se corta. Tiene una cáscara fina y un sabor ácido y refrescante.
➢ Nutrientes: Buena fuente de vitamina C y antioxidantes.
➢ Usos: Se consume fresca, en ensaladas, jugos o como adorno decorativo.

14. Zapote (*Pouteria sapota*).

➢ Características: Fruta grande y redonda con pulpa dulce y suave de color naranja o rosa.
➢ Nutrientes: Rica en carbohidratos, fibra, vitamina C y vitamina A.
➢ Usos: Se consume fresca, en batidos o postres.

15.Tamarindo (*Tamarindus indica*).

> Características: Fruto de cáscara dura y marrón, con pulpa ácida y dulce.
> Nutrientes: Contiene vitamina C, potasio y antioxidantes.
> Usos: Se utiliza en salsas, jugos, dulces, y en la medicina tradicional.

Beneficios de las frutas tropicales:

> Alto contenido nutricional: Muchas de estas frutas son ricas en vitaminas, minerales, antioxidantes y fibra, lo que las convierte en una excelente opción para mantener una dieta saludable.
> Hidratación: Algunas frutas tropicales, como la piña, la papaya y el coco, tienen un alto contenido de agua, lo que ayuda a la hidratación.
> Antioxidantes: Frutas como el mango, la guayaba y el maracuyá contienen compuestos antioxidantes que protegen el cuerpo de los efectos del envejecimiento y enfermedades.
> Beneficios digestivos: Muchas de estas frutas tienen enzimas o fibra que ayudan en la digestión y mantienen la salud intestinal.

Las frutas tropicales no solo son deliciosas y refrescantes, sino también una fuente rica de nutrientes esenciales para la salud. Son un componente importante de las dietas en las regiones tropicales y cada vez son más populares en todo el mundo por sus beneficios nutricionales y su sabor exótico [18, 19, 20].

2.2 Ciencia y la tecnología aplicada a las frutas tropicales.

El desarrollo de la ciencia y la tecnología aplicada a las frutas tropicales ha experimentado avances significativos en los últimos años, buscando mejorar la producción, la calidad, la conservación, y el aprovechamiento de estos productos, que son esenciales tanto en la alimentación global como en la economía de muchos países tropicales [21].

1. Mejoramiento genético.

Uno de los principales avances ha sido en el mejoramiento genético de las frutas tropicales. Mediante técnicas de biotecnología, los científicos han logrado desarrollar variedades más resistentes a enfermedades y plagas, así como variedades con mayor contenido de nutrientes. Este tipo de investigación también se enfoca en la mejora de la resistencia a condiciones climáticas extremas, como sequías o temperaturas altas, lo cual es crucial dado el cambio climático.

2. Innovaciones en producción agrícola.

El uso de tecnologías de precisión, como sensores de humedad, drones, y sistemas de riego automatizado, ha permitido a los productores optimizar el uso de recursos, como agua y fertilizantes. Además, la agricultura de conservación ha ganado terreno, enfocándose en prácticas que no solo aumentan los rendimientos, sino que también conservan la salud del suelo y protegen el medio ambiente.

3. Postcosecha y conservación.

La tecnología postcosecha ha avanzado para mejorar la vida útil de las frutas tropicales, que son muy susceptibles al deterioro debido a su alta perecibilidad. La perecibilidad es el tiempo que tarda una fruta tropical en comenzar a degradarse y perder sus propiedades nutritivas. Se han desarrollado nuevas técnicas de conservación como el uso de atmósferas controladas, recubrimientos comestibles, y tratamientos con radiación ultravioleta. Estos métodos permiten una mejor conservación de las frutas durante el transporte y almacenamiento, reduciendo las pérdidas.

4. Procesamiento y valor agregado.

El procesamiento de frutas tropicales ha experimentado un crecimiento importante, donde se busca generar productos derivados con valor agregado, tales como jugos, conservas, mermeladas, y deshidratados. La investigación se ha centrado en mejorar los procesos de extracción, conservación de nutrientes y optimización de los productos finales. Tecnologías como la liofilización, extracción de jugos sin calor, y la fermentación controlada han permitido diversificar el uso de frutas tropicales y extender su vida útil [22].

5. Sostenibilidad.

En los últimos años, ha cobrado importancia la agricultura sostenible en la producción de frutas tropicales. Se busca reducir el impacto ambiental a través del uso responsable de recursos naturales, la reducción de residuos y la implementación de prácticas que fomenten la biodiversidad. Se están investigando métodos para reducir el uso de pesticidas y fertilizantes químicos, buscando alternativas más amigables con el medio ambiente.

6. Aplicaciones de la biotecnología.

La biotecnología también ha sido clave en el desarrollo de frutas tropicales con características deseables. Por ejemplo, el uso de cultivos genéticamente modificados (GMOs) ha permitido desarrollar variedades que son más resistentes a plagas y enfermedades. También se han producido avances en la modificación genética para mejorar el contenido nutricional de algunas frutas, como el aumento de la vitamina C en el mango o la beta-caroteno en el papaya.

7. Inteligencia Artificial y Big Data.

El uso de inteligencia artificial (IA) y Big Data está revolucionando la forma en que se gestionan las fincas de frutas tropicales. Los algoritmos pueden predecir patrones de cosecha, estimar rendimientos, y optimizar rutas de distribución y logística, mejorando la eficiencia del sector. Además, estas tecnologías permiten un control más preciso de las condiciones de crecimiento y la salud de las plantas.

8. Mercados globales.

El desarrollo de nuevas tecnologías también ha abierto oportunidades para que los productores de frutas tropicales accedan a mercados internacionales. Mejorar la calidad y la presentación de las frutas tropicales hace que sean más atractivas en mercados globales, lo que ha incentivado la investigación en embalaje, transporte y comercialización (marketing)[22] .

9. Impacto en la salud pública.

El aprovechamiento de las frutas tropicales también ha tenido un impacto positivo en la salud pública, ya que muchas de estas frutas son ricas en nutrientes y antioxidantes. A medida que se desarrollan nuevas variedades con mayor contenido de nutrientes, como fibra, vitaminas, y minerales, se puede contribuir a mejorar la alimentación en diversas poblaciones.

El desarrollo de la ciencia y la tecnología en el ámbito de las frutas tropicales ha llevado a avances significativos que no solo mejoran la productividad y la sostenibilidad de la producción, sino que también abren nuevas oportunidades en términos de comercio, salud y conservación del medio ambiente.

2.3 Antioxidantes en las frutas tropicales.

Los antioxidantes presentes en las frutas son compuestos bioactivos que tienen la capacidad de neutralizar los radicales libres en el cuerpo, lo que ayuda a prevenir el daño celular, la inflamación y el envejecimiento prematuro. Las frutas tropicales, en particular, son una rica fuente de antioxidantes debido a su diversidad y concentración de compuestos beneficiosos. Algunos de los principales antioxidantes en las frutas incluyen:

1. Vitamina C (Ácido ascórbico):

➢ Es uno de los antioxidantes más conocidos y abundantes en muchas frutas tropicales. Ayuda a proteger las células del daño oxidativo, fortalece el sistema inmunológico y mejora la absorción de hierro. Frutas ricas en vitamina C: guayaba (uno de los mayores contenidos de vitamina C), papaya, mango y piña.

2. Carotenoides:

➢ Son pigmentos naturales que incluyen compuestos como el betacaroteno, luteína y zeaxantina, conocidos por sus propiedades antioxidantes. Los carotenoides protegen contra el daño celular y son importantes para la salud ocular y la piel. Frutas ricas en carotenoides: mango (especialmente el betacaroteno), papaya, melón, guayaba (rica en licopeno).

3. Flavonoides:

➢ Son compuestos fenólicos que tienen potentes propiedades antioxidantes. Los flavonoides pueden ayudar a reducir la inflamación, mejorar la salud cardiovascular y proteger contra el cáncer. Frutas ricas en flavonoides: cítricos (como naranjas, limones, y pomelos), mango (específicamente la quercetina), piña y guayaba (rica en catequinas y flavonoles).

4. Ácido clorogénico:

➢ Es un antioxidante polifenólico encontrado principalmente en frutas y tiene propiedades antiinflamatorias y de mejora del metabolismo. Frutas ricas en ácido clorogénico: banano y aguacate.

5. Antocianinas:

➢ Son pigmentos que otorgan color rojo, azul y morado a las frutas, y tienen potentes propiedades antioxidantes. Ayudan a reducir el riesgo de enfermedades cardiovasculares y mejoran la salud cerebral. Frutas ricas en antocianinas: arándanos (aunque no son tropicales, son muy ricos en antocianinas), uvas rojas y granada.

6. Ácidos fenólicos:

➢ Estos compuestos ayudan a proteger las células del daño oxidativo y tienen propiedades antiinflamatorias. Frutas ricas en ácidos fenólicos: piña, mango y papaya.

7. Selenio:

➢ Aunque no es tan abundante en las frutas como otros antioxidantes, el selenio tiene propiedades antioxidantes que protegen las células del daño causado por los radicales libres. Frutas ricas en selenio: coco.

Beneficios de los antioxidantes de las frutas:

➢ Protección celular: Neutralizan los radicales libres que pueden dañar las células y provocar enfermedades como el cáncer y enfermedades cardíacas.
➢ Prevención del envejecimiento prematuro: Al reducir el estrés oxidativo, los antioxidantes ayudan a mantener la piel más joven y saludable.

➢ Mejora de la salud del corazón: Los antioxidantes, especialmente los flavonoides, pueden reducir el riesgo de enfermedades cardiovasculares al mejorar la circulación y reducir la inflamación.
➢ Fortalecimiento del sistema inmunológico: Los antioxidantes como la vitamina C mejoran las defensas del cuerpo y ayudan a prevenir resfriados y otras infecciones.

Las frutas tropicales son una excelente fuente de antioxidantes que aportan numerosos beneficios para la salud. Incluir una variedad de frutas tropicales en la dieta diaria puede ser una forma efectiva de mejorar la salud general y proteger al cuerpo contra enfermedades relacionadas con el envejecimiento y el estrés oxidativo [23, 24, 25, 26, 27, 28].

2.4. Características de las pulpas del mango y del pseudofruto del caujil.

El mango es una de las frutas tropicales más populares y apreciadas debido a su sabor dulce y su textura suave [22, 23, 24]. Sus características son las siguientes:

Características de la pulpa del mango:

1. Composición:

➢ Agua: La pulpa de mango contiene alrededor del 80 % de agua.
➢ Carbohidratos: Tiene un alto contenido en azúcares naturales, principalmente glucosa, fructosa y sacarosa, lo que le da su sabor dulce.
➢ Fibra: Contiene fibra dietética que ayuda en la digestión.
➢ Vitaminas: Es especialmente rica en vitamina C, que contribuye al sistema inmunológico, y en vitamina A (proveniente de los carotenoides, como el betacaroteno), importante para la salud ocular y la piel.
➢ Minerales: Contiene potasio, magnesio y pequeñas cantidades de calcio y hierro.

➢ Antioxidantes: Además de las vitaminas, el mango tiene antioxidantes
como los polifenoles y carotenoides que ayudan a combatir el daño
celular.

2. Textura y apariencia:

➢ La pulpa del mango es suave, jugosa y fibrosa en algunas variedades.
➢ En variedades más maduras, es más suave y homogénea en su textura.
➢ Su color varía dependiendo de la madurez, generalmente es de un tono
amarillo anaranjado, aunque algunas variedades pueden tener matices
más verdes o rojos.

3. Sabor:

➢ El mango tiene un sabor dulce y ligeramente ácido, con un toque
tropical. El sabor puede variar según la variedad, con algunas
variedades más dulces y otras con un toque más ácido [25].

4. Usos:

➢ El mango se consume tanto fresco como en forma de jugos, batidos,
mermeladas, salsas, postres y en la cocina salada.
➢ Su pulpa también se utiliza en la elaboración de productos
deshidratados, helados y otros derivados.

Pulpa del pseudofruto del caujil:

El caujil es una planta tropical cuyo fruto tiene dos partes: la semilla, de la cual
se obtiene el caujil o anacardo o cajú (el fruto seco), y el pseudofruto o manzana
de anacardo, que es la parte comestible. La pulpa del pseudofruto del caujil tiene
características diferentes a la del mango:

Características de la pulpa del pseudofruto del caujil:

1. Composición:

   - Agua: Tiene un alto contenido de agua, alrededor del 85 %.
   - Carbohidratos: Contiene azúcares naturales, principalmente glucosa y fructosa, pero en menor cantidad en comparación con el mango.
   - Fibra: Es una buena fuente de fibra dietética.
   - Vitaminas: Aunque tiene menos vitamina C que el mango, la pulpa del pseudofruto del anacardo también es rica en vitamina C.
   - Minerales: Contiene potasio, magnesio y calcio, aunque en cantidades menores que el mango.

2. Textura y apariencia:

   - La pulpa del pseudofruto del anacardo es jugosa, suave y fibrosa.
   - Su color puede variar de amarillo a rojo, dependiendo de la variedad, y tiene una apariencia típicamente carnosa y jugosa.
   - La consistencia es más acuosa que la del mango, pero con una textura firme al morder.

3. Sabor:

   - El sabor del pseudofruto es dulce con un toque ácido, similar a otros frutos tropicales. Sin embargo, es más suave y menos intenso que el del mango.
   - Algunas variedades de la pulpa del pseudofruto del anacardo tienen un sabor ligeramente floral y un toque especiado, aunque generalmente se percibe como refrescante.

4. Usos:

➢ El pseudofruto del anacardo se consume principalmente fresco, en jugos, y en productos como mermeladas y conservas.
➢ Se utiliza también en la elaboración de bebidas fermentadas y en la gastronomía de algunas regiones tropicales.
➢ En algunas culturas, se utiliza para hacer un tipo de vino o licor.

Tabla 2.1. Comparación entre la pulpa de mango y la del pseudofruto del caujil.

Característica	Pulpa del mango	Pulpa del pseudofruto del caujil
Composición	Rica en azúcares, vitamina C, fibra.	Alta en agua, fibra, vitamina C, menor cantidad de azúcar.
Textura	Suave, jugosa, fibrosa en algunas variedades.	Jugosa, fibrosa, acuosa, más firme al morder.
Sabor	Dulce, ligeramente ácido.	Dulce, ligeramente ácido con notas florales.
Color	Amarillo a anaranjado.	Amarillo a rojo.
Usos	Fresco, jugos, postres, mermeladas.	Fresco, jugos, mermeladas, licor.

Aunque ambas pulpas son jugosas y ricas en vitaminas, el mango se caracteriza por su sabor dulce y su textura más homogénea, mientras que la pulpa del pseudofruto del anacardo es más acuosa, ligeramente ácida y con un sabor más delicado, siendo menos dulce que el mango.

2.4.1. El ácido cítrico y el ácido ascórbico en las frutas mango y caujil.

El ácido cítrico y el ácido ascórbico son dos compuestos diferentes que se encuentran en muchas frutas, incluidas el mango y el pseudofruto del caujil. Aunque ambos tienen propiedades antioxidantes y están relacionados con la salud, sus características químicas y efectos en el cuerpo son distintos. A continuación, se detallan las diferencias entre el ácido cítrico y el ácido ascórbico, y cómo se encuentran en las pulpas del mango y el pseudofruto del caujil.

Ácido Cítrico:

Características:

> Químicamente: El ácido cítrico es un ácido orgánico tricarboxílico que se encuentra en muchos frutos, especialmente en cítricos como naranjas, limones, y también en otras frutas como el mango.

Propiedades:

> Tiene un sabor ácido y es responsable del sabor característico de muchas frutas.
> Es un ácido débil que actúa como conservante natural, debido a su capacidad para bajar el pH y prevenir el crecimiento bacteriano.
> Se utiliza en la industria alimentaria como agente acidificante y conservante.
> Participa en el ciclo de los ácidos tricarboxílicos (ciclo de Krebs), siendo una parte importante de la producción de energía en las células.

Presencia en la pulpa del mango y del pseudofruto del caujil:

> En el mango, el ácido cítrico es uno de los ácidos predominantes, especialmente en las frutas no completamente maduras. El sabor ácido que se percibe en los mangos más verdes se debe en gran parte a la presencia de ácido cítrico.
> En el pseudofruto del caujil, el ácido cítrico también está presente, aunque en menor cantidad en comparación con frutas más ácidas como los cítricos. Su sabor ácido contribuye a la frescura del pseudofruto,

aunque la pulpa del anacardo es generalmente más dulce que la del mango.

Ácido ascórbico:

Características:

> Químicamente: El ácido ascórbico es un antioxidante soluble en agua que es esencial para la salud humana. Ayuda en la síntesis de colágeno, la absorción de hierro y el fortalecimiento del sistema inmunológico [29, 30].

Propiedades:

> Es un antioxidante potente que ayuda a proteger las células del daño causado por los radicales libres.
> En el cuerpo humano, el ácido ascórbico es esencial para la función inmunológica, la cicatrización de heridas y la salud de la piel.
> Se encuentra principalmente en frutas y verduras frescas.

Presencia en la pulpa del mango y el pseudofruto del caujil:

> En el mango, el ácido ascórbico es una de las principales fuentes de vitamina C. El mango es conocido por su alto contenido en vitamina C, que contribuye a mejorar la salud inmunológica y tiene propiedades antioxidantes.
> En el pseudofruto del caujil, también se encuentra ácido ascórbico, aunque generalmente en menor cantidad que en el mango. Sin embargo, sigue siendo una fuente importante de vitamina C, especialmente si el pseudofruto se consume fresco [31, 32].

Tabla 2.2. Diferencias principales entre el ácido cítrico y el ácido ascórbico en las pulpas del mango y pseudofruto del caujil.

Característica	Ácido cítrico	Ácido ascórbico (Vitamina C)
Química	Ácido orgánico tricarboxílico	Ácido orgánico soluble en agua (vitamina)
Sabor	Ácido y ácido fuerte	Sabor menos ácido (no percibido como tan ácido)
Función en las frutas	Aporta sabor ácido y contribuye a la acidez	Antioxidante y refuerza la inmunidad
Presencia en el Mango	Relativamente alto, especialmente en frutas verdes	Muy alto, una fuente importante de vitamina C
Presencia en el pseudofruto del caujil	Presente en menor cantidad, contribuye al sabor ácido	Menor cantidad que en el mango, pero aún relevante
Beneficios para la salud	Conservante natural, mejora la absorción de minerales	Refuerza el sistema inmunológico, antioxidante

De tal manera:

➢ Ácido Cítrico: Está más asociado con el sabor ácido de las frutas, contribuyendo a la acidez, y se encuentra en mayor cantidad en frutas no maduras como el mango.

➢ Ácido Ascórbico: Es un antioxidante esencial con importantes beneficios para la salud, como el refuerzo del sistema inmunológico, y se encuentra en mayor cantidad en el mango y en menor cantidad en el pseudofruto del caujil, aunque en ambos casos es un nutriente valioso.

Mientras que el ácido cítrico es más responsable del sabor ácido de estas frutas, el ácido ascórbico es fundamental para la salud humana debido a sus propiedades antioxidantes y su papel en la función inmunológica. Ambos ácidos son importantes en las pulpas del mango y el pseudofruto del caujil, aunque en diferentes concentraciones y con diferentes funciones [33].

2.4.2. Producción industrial de ácido cítrico a partir del mango.

La producción industrial de ácido cítrico a partir del mango no es un proceso típico, ya que el ácido cítrico generalmente se obtiene a través de fermentación utilizando cultivos microbianos como *Aspergillus niger* y no a partir de frutas frescas. Sin embargo, el mango puede ser una fuente de ácido cítrico debido a su contenido natural de este ácido, y se puede utilizar como materia prima en procesos industriales si se desea extraer ácido cítrico de frutas como el mango.

1. Extracción de ácido cítrico a partir del mango.

Aunque el mango contiene ácido cítrico, las cantidades presentes en la pulpa de mango no son lo suficientemente altas para considerarlo un proceso rentable directamente. Sin embargo, es posible extraerlo de la pulpa mediante los siguientes pasos:

1.1.   Recolección de mango y preparación de la materia prima:

  ➢ Selección de la fruta: El mango se selecciona en su punto de madurez adecuado. Los mangos más verdes tienden a tener una mayor concentración de ácido cítrico, pero también se puede usar fruta madura para obtener una mezcla de ácido cítrico y otros ácidos orgánicos.
  ➢ Trituración de la pulpa: Los mangos son lavados, pelados y triturados para obtener una pasta de pulpa. El objetivo es liberar los jugos de la fruta.

1.2. Extracción del jugo:

➢ Prensado o filtración: La pulpa triturada del mango se somete a un proceso de prensado o filtración para obtener el jugo, que contendrá ácidos orgánicos, incluyendo el ácido cítrico.

1.2. Concentración del jugo:

➢ Evaporación: El jugo obtenido se somete a un proceso de concentración mediante evaporación al vacío o mediante un secado en aerosol. Esto elimina el agua del jugo y aumenta la concentración de los componentes solubles, como el ácido cítrico.

1.3. Purificación del ácido cítrico:

➢ Precipitación y filtración: El jugo concentrado se trata con solventes o resinas de intercambio iónico para aislar el ácido cítrico de otros componentes presentes en la mezcla. A menudo se puede utilizar hidróxido de calcio para formar un complejo de calcio-citrato, que se puede separar por filtración.

1.4. Conversión del citrato de calcio a ácido cítrico:

➢ El citrato de calcio obtenido puede ser tratado con ácido sulfúrico para liberar el ácido cítrico puro:

El resultado es la producción de ácido cítrico puro ($C_6H_8O_7$) y sulfato de calcio ($CaSO_4$) como subproducto.

1.5. Cristalización del ácido cítrico:

➢ Después de la liberación del ácido cítrico, el producto se cristaliza y se purifica para obtener el ácido cítrico en forma de cristales, que pueden ser recolectados y secos.

2. Producción industrial tradicional de ácido cítrico (Método de fermentación) a partir del mango.

Aunque es posible extraer ácido cítrico de fuentes naturales como el mango, el método de producción industrial más común de ácido cítrico se realiza mediante fermentación de azúcares (glucosa, sacarosa, etc.) utilizando *Aspergillus niger*, un hongo que produce ácido cítrico durante su metabolismo.

Pasos de la producción por fermentación:

1. Fermentación: Se utiliza una fuente rica en azúcares, como la glucosa obtenida de caña de azúcar, maíz o melaza. Se inocula con *Aspergillus niger* en un medio controlado.

2. Producción de ácido cítrico: El hongo fermenta el azúcar y produce ácido cítrico como producto secundario.

3. Purificación y cristalización: Después de la fermentación, el ácido cítrico se separa del medio de cultivo, se purifica y cristaliza.

Ventajas y desventajas de usar mango para la producción de ácido cítrico:

Ventajas:

➢ Fuente natural: El mango contiene ácidos orgánicos, incluidos el ácido cítrico, por lo que podría ser una fuente alternativa en regiones donde el mango es abundante.
➢ Valor agregado: Utilizar subproductos de la industria del mango, como la pulpa, puede agregar valor a estos materiales que de otro modo se desperdiciarían.

Desventajas:

> ➤ Bajas concentraciones: El mango no tiene una concentración lo suficientemente alta de ácido cítrico como para hacer que la producción sea rentable a gran escala.
> ➤ Costos elevados: El proceso de extracción, concentración y purificación del ácido cítrico desde el mango es más costoso en comparación con los métodos tradicionales de fermentación industrial.
> ➤ Competiciones con otros procesos: Las fuentes más económicas de ácido cítrico provienen de la fermentación de azúcares, por lo que producirlo a partir de mango no sería competitivo en términos de costo.

Aunque es posible obtener ácido cítrico a partir de la pulpa de mango mediante un proceso de extracción y purificación, la producción industrial de ácido cítrico a partir del mango no es la ruta más común ni la más rentable. La mayoría de la producción industrial de ácido cítrico se realiza mediante la fermentación de azúcares con el hongo *Aspergillus niger*, un proceso más eficiente y económico. Sin embargo, el mango, al contener ácido cítrico en su composición, podría usarse para valorizar subproductos de la fruta o en aplicaciones específicas donde se busque un origen natural para el ácido cítrico.

2.4.3. Producción industrial de ácido cítrico a partir del pseudofruto del caujil.

La producción industrial de ácido cítrico a partir del pseudofruto del caujil no es un proceso comúnmente utilizado, ya que el pseudofruto del caujil contiene ácido cítrico en menor concentración en comparación con frutas cítricas como el limón o la naranja, o incluso el mango. Sin embargo, al igual que con otras frutas, es posible extraer y purificar el ácido cítrico presente en el pseudofruto del caujil a través de procesos similares a los utilizados para otras frutas [34, 35].

1. Extracción de ácido cítrico del pseudofruto del caujil.

El pseudofruto del caujil es jugoso y contiene una mezcla de ácidos orgánicos, incluyendo el ácido cítrico, que puede ser extraído mediante los siguientes pasos:

1.1. Recolección y preparación del pseudofruto del caujil:

➢ Selección de la fruta: Se escogen los pseudofrutos del caujil que estén maduros, aunque los más verdes pueden tener una mayor concentración de ácido cítrico.
➢ Lavado y pelado: Se lavan y pelan los pseudofrutos, eliminando las impurezas y la cáscara, para obtener la pulpa jugosa.
➢ Trituración: Los pseudofrutos pelados se trituran para liberar la pulpa y obtener una pasta.

1.2. Extracción del jugo:

➢ Prensado: La pasta obtenida se somete a un proceso de prensado para extraer el jugo. Este jugo contendrá una mezcla de ácidos orgánicos, principalmente ácido cítrico, así como otros compuestos solubles.

1.3. Concentración del jugo:

➢ Evaporación o deshidratación: El jugo extraído puede someterse a un proceso de evaporación al vacío o secado en aerosol para eliminar parte del agua y concentrar los ácidos orgánicos presentes en el jugo, incluida una mayor concentración de ácido cítrico.

1.4. Purificación del ácido cítrico:

➢ Precipitación de sales: El jugo concentrado puede ser tratado con hidróxido de calcio (Ca(OH)$_2$) para formar citrato de calcio, una forma menos soluble de ácido cítrico. Este citrato de calcio se puede separar por filtración.

1.5.   Conversión de citrato de calcio a ácido cítrico:

➢ Ácido sulfúrico: El citrato de calcio se trata con ácido sulfúrico (H$_2$SO$_4$) para liberar el ácido cítrico puro:

➢ El resultado es la producción de ácido cítrico (C$_6$H$_8$O$_7$) y sulfato de calcio (CaSO$_4$) como subproducto.

1.6.   Cristalización y secado del ácido cítrico:

➢ El ácido cítrico obtenido se somete a cristalización y purificación adicional para obtener ácido cítrico en forma de cristales.
➢ Los cristales de ácido cítrico se secan para obtener el producto final, que puede ser utilizado en la industria alimentaria, farmacéutica o como aditivo en productos diversos.

2. Producción industrial tradicional de ácido cítrico (Fermentación) a partir del caujil.

A pesar de que es posible obtener ácido cítrico a partir del pseudofruto del caujil, la producción industrial más común de ácido cítrico se realiza mediante fermentación. Este método utiliza *Aspergillus niger*, un hongo que produce ácido cítrico durante la fermentación de fuentes de azúcares como la glucosa, sacarosa o melaza.

Pasos de la producción por fermentación:

1. Fermentación: Se utiliza una fuente rica en azúcares, como la glucosa extraída de maíz, caña de azúcar o melaza. El hongo *Aspergillus niger* se inocula en un medio controlado.

2. Producción de ácido cítrico: El hongo convierte el azúcar en ácido cítrico durante su proceso de respiración.

3. Purificación y cristalización: El ácido cítrico producido se separa del medio de cultivo, se purifica y se cristaliza para obtener el ácido cítrico puro.

Ventajas y desventajas de usar el pseudofruto del caujil para la producción de ácido cítrico

Ventajas:

➤ Uso de subproductos: La utilización de los pseudofrutos del caujil, que pueden no ser aprovechados completamente en la industria alimentaria, podría generar valor agregado, aprovechando la cantidad de ácido cítrico presente.
➤ Fuente local: En regiones productoras del caujil, esta podría ser una opción viable para obtener ácido cítrico a partir de materias primas locales.

Desventajas:

➤ Bajas concentraciones de ácido cítrico: Los pseudofrutos del caujil contienen menos ácido cítrico en comparación con frutas cítricas como naranjas, limones o el mango, lo que hace que el proceso no sea económicamente rentable a gran escala.
➤ Costos elevados: El proceso de extracción, concentración y purificación del ácido cítrico desde el pseudofruto del caujil puede ser más costoso

que la producción mediante fermentación, que utiliza fuentes de azúcar más baratas.

Alternativas más eficientes: El proceso tradicional de fermentación con *Aspergillus niger* es mucho más eficiente y rentable, ya que se utiliza una fuente de azúcar abundante y el rendimiento es mucho mayor.

Aunque es posible producir ácido cítrico a partir del pseudofruto del caujil, este proceso no es común ni económico debido a las bajas concentraciones de ácido cítrico en el pseudofruto en comparación con otras frutas más comunes para la extracción de ácido cítrico. La fermentación industrial con *Aspergillus niger* sigue siendo el método más eficiente y rentable para la producción de ácido cítrico a gran escala. Sin embargo, utilizar el pseudofruto del caujil como materia prima podría ser una alternativa interesante a nivel local para aprovechar este recurso, especialmente en regiones productoras del caujil, aunque su viabilidad económica depende de la optimización del proceso y de la disponibilidad de otras fuentes de azúcar más económicas.

2.4.4. Producción industrial de ácido ascórbico a partir del mango.

La producción industrial de ácido ascórbico a partir del mango no es un proceso común en la industria, ya que el mango contiene ácido ascórbico de manera natural, pero generalmente no se utiliza como materia prima para la producción a gran escala de vitamina C. En lugar de extraer directamente vitamina C de los mangos, se suele emplear fermentación o síntesis química para producir ácido ascórbico en cantidades industriales. Sin embargo, la pulpa de mango y otros subproductos de esta fruta pueden ser considerados como una fuente de vitamina C en un contexto más pequeño o en industrias que buscan valorizar subproductos de la fruta [36].

Los métodos generales para la producción de ácido ascórbico a partir del mango, aunque se debe considerar que la cantidad de vitamina C en el mango es limitada en comparación con otras fuentes industriales.

1. Extracción de ácido ascórbico a partir del mango:

1.1. Recolección y preparación del mango:

➤ Selección de la fruta: El mango se selecciona en su punto de madurez adecuado. Los mangos frescos contienen cantidades significativas de ácido ascórbico, especialmente los mangos más verdes.
➤ Lavado y pelado: Los mangos se lavan para eliminar cualquier impureza en la superficie y se pelan para obtener la pulpa.

1.2. Trituración y prensado:

➤ Trituración de la pulpa: La pulpa de mango se tritura para liberar el jugo. Este jugo contiene una mezcla de compuestos solubles, incluyendo el ácido ascórbico.
➤ Prensado: Para obtener una mayor cantidad de jugo, la pulpa triturada se somete a un proceso de prensado o filtración.

1.3. Concentración del jugo:

➤ El jugo extraído se concentra mediante evaporación al vacío o secado en aerosol para eliminar el agua y aumentar la concentración de los componentes solubles, incluidos el ácido ascórbico y otros nutrientes.

1.4. Purificación del ácido ascórbico:

El ácido ascórbico en el jugo concentrado debe ser purificado, lo que puede hacerse mediante varios métodos:

➢ Extracción con solventes: Para aislar la vitamina C, el jugo concentrado puede ser tratado con solventes orgánicos que permiten la separación del ácido ascórbico de otros compuestos.

➢ Intercambio iónico: Se pueden usar resinas de intercambio iónico para purificar la vitamina C, separándola de otros componentes no deseados.

1.5.   Cristalización del ácido ascórbico:

El ácido ascórbico purificado se cristaliza para obtener vitamina C en forma sólida, que puede ser utilizada en diversas aplicaciones alimenticias o farmacéuticas.

2. Producción de ácido ascórbico mediante fermentación.

La fermentación es el proceso industrial más común para la producción de ácido ascórbico. Aunque el mango no es una fuente típica para este proceso, es posible que se utilicen otras fuentes de azúcar derivadas del mango o de subproductos de la fruta (como el jarabe de mango o residuos de la pulpa) para fermentar y producir ácido ascórbico [37].

Proceso de fermentación:

1.1.   Sustrato de azúcar: Se utiliza un sustrato rico en glucosa, como el almidón de maíz, la melaza o los azúcares obtenidos de la fruta, que puede ser extraído de subproductos del mango.

1.2.   Inoculación de microorganismos: El proceso de fermentación se lleva a cabo utilizando bacterias o hongos como *Aspergillus niger* que son capaces de producir ácido ascórbico cuando se alimentan con estos azúcares.

1.3. Producción de ácido ascórbico: Durante la fermentación, los microorganismos convierten los azúcares en ácido ascórbico.

1.4. Purificación: Después de la fermentación, el ácido ascórbico se extrae y se purifica, similar al proceso de extracción mencionado anteriormente.

3. Producción de ácido ascórbico por síntesis química (Ruta de Reichstein).

La mayoría del ácido ascórbico industrial se produce por síntesis química, utilizando principalmente glucosa como materia prima. Esta vía es conocida como el proceso de Reichstein y sigue los siguientes pasos:

3.1. Hidrogenación de la glucosa: La glucosa (usualmente derivada de almidón de maíz o de otras fuentes de azúcar) se hidrogena para convertirla cn sorbitol.

3.2. Oxidación del sorbitol: El sorbitol se oxida a sorbosa mediante un proceso de fermentación o utilizando oxidantes.

3.3. Ciclación y oxidación: La sorbosa se convierte en ácido ascórbico a través de una serie de reacciones químicas, incluida la formación de un intermedio llamado 2,3-dioxo-L-gulonato.

3.4. Purificación: El ácido ascórbico obtenido se purifica mediante recristalización.

Ventajas y desventajas de utilizar mango para la producción de ácido ascórbico [38, 39]:

Ventajas:

➤ Fuente natural: El mango es una fuente natural de vitamina C, lo que hace que sea atractivo para los consumidores que buscan productos de origen natural.
➤ Aprovechamiento de subproductos: Se pueden aprovechar subproductos de la industria del mango, como la pulpa que no se utiliza para consumo directo, para producir ácido ascórbico y agregar valor.

Desventajas:

➤ Bajas concentraciones de ácido ascórbico: Aunque el mango es una buena fuente de vitamina C, las concentraciones no son lo suficientemente altas como para ser una fuente eficiente y rentable para la producción a gran escala de ácido ascórbico.
➤ Costos de extracción: La extracción, concentración y purificación del ácido ascórbico a partir del mango puede ser más costosa en comparación con la producción por fermentación, que utiliza materias primas más económicas y proporciona un rendimiento más alto.
➤ Producción más eficiente mediante fermentación: El proceso de fermentación es más eficiente y económico, por lo que el mango, aunque es una fuente natural, no es una materia prima competitiva frente a fuentes industriales de glucosa o melaza.

La producción de ácido ascórbico a partir del mango es posible, pero no es la vía más común ni la más rentable a nivel industrial. La vitamina C se encuentra en el mango en cantidades relativamente altas, pero generalmente se utiliza un proceso más económico y eficiente, como la fermentación o la síntesis química a partir de glucosa, para la producción a gran escala. Sin embargo, el mango y sus subproductos pueden ser aprovechados para extraer vitamina C de forma más localizada o en procesos donde se busque un producto natural o de valor agregado a partir de este fruto [40.41].

2.4.5. Producción industrial de ácido ascórbico a partir del pseudofruto del caujil.

La producción industrial de ácido ascórbico a partir del pseudofruto del caujil no es un proceso común ni ampliamente establecido, aunque es posible extraer la vitamina C de este pseudofruto, ya que contiene niveles de ácido ascórbico. Sin embargo, la cantidad de vitamina C en el pseudofruto del caujil es inferior a la de otras frutas más comúnmente utilizadas, como los cítricos o el mango, lo que puede hacer que este proceso no sea tan eficiente ni rentable a gran escala [42. 43].

Proceso industrial para la producción de ácido ascórbico a partir del pseudofruto del caujil:

1. Extracción del ácido ascórbico del pseudofruto del caujil.

    1.1. Recolección y preparación del pseudofruto del caujil.
    - Selección de la fruta: Se seleccionan los pseudofrutos del caujil maduros, que tienen una buena cantidad de ácido ascórbico. Los pseudofrutos pueden variar en su contenido de vitamina C dependiendo de factores como el estado de madurez y las condiciones de cultivo.
    - Lavado y pelado: Los pseudofrutos se lavan para eliminar cualquier suciedad o impurezas, y luego se pelan para obtener la pulpa jugosa. La pulpa es la parte que contiene los compuestos solubles como el ácido ascórbico.

    1.2. Trituración y extracción del jugo.

    - Trituración de la pulpa: Los pseudofrutos pelados se trituran para liberar el jugo. Este jugo contendrá una mezcla de compuestos solubles, incluidos el ácido ascórbico.

➢ Prensado: La pulpa triturada se somete a un proceso de prensado para extraer el jugo, que luego será concentrado y procesado para obtener el ácido ascórbico.

1.3.   Concentración del jugo.

➢ El jugo extraído se puede concentrar mediante evaporación al vacío o secado en aerosol para eliminar el agua y aumentar la concentración de los compuestos solubles, incluida la vitamina C.

1.4.   Purificación del ácido ascórbico.

El ácido ascórbico en el jugo concentrado debe ser purificado, ya que junto con la vitamina C, el jugo contendrá otros compuestos orgánicos como azúcares, ácidos orgánicos y proteínas [44, 45].

➢ Filtración y precipitación: El jugo concentrado puede ser tratado con solventes orgánicos para separar el ácido ascórbico, o también puede pasar por un proceso de precipitación con el uso de resinas de intercambio iónico para aislar la vitamina C.

1.5.   Conversión al ácido ascórbico puro.

➢ Una vez aislado, el ácido ascórbico puede pasar por un proceso de cristalización y purificación adicional para obtener la forma pura del compuesto.

1.6.   Secado y obtención del ácido ascórbico puro.

➢ El ácido ascórbico purificado se puede secar y cristalizar, obteniendo la vitamina C en forma sólida, lista para su uso en la industria farmacéutica, alimentaria o cosmética.

2. Producción del ácido ascórbico por fermentación.

Aunque es posible extraer ácido ascórbico de los pseudofrutos del caujil, el proceso de fermentación sigue siendo el método más utilizado para la producción industrial del ácido ascórbico. Este proceso involucra el uso de fuentes de azúcar como glucosa o melaza, las cuales pueden ser derivadas de productos vegetales, incluidas las frutas.

Pasos de la producción por fermentación:

2.1.   Sustrato de azúcar: Se usa una fuente de azúcar, como glucosa o melaza, para alimentar a los microorganismos.

2.2.   Inoculación de microorganismos: Se inocula un microorganismo como *Aspergillus niger* en un medio rico en azúcar.

2.3.   Fermentación: Los microorganismos producen ácido ascórbico al fermentar los azúcares del medio.

2.4.   Purificación: Después de la fermentación, el ácido ascórbico se purifica y se cristaliza para obtener la vitamina C.

3. Producción del ácido ascórbico por síntesis química.

Otro método común para la producción del ácido ascórbico es la síntesis química, particularmente a través del proceso de Reichstein. Este proceso es ampliamente utilizado en la industria debido a su eficiencia en la producción del ácido ascórbico a gran escala.

3.1.   Hidrogenación de glucosa: La glucosa se convierte en sorbitol mediante hidrogenación.

3.2.	Oxidación: El sorbitol se oxida para formar sorbosa.

3.3.	Ciclación y oxidación: La sorbosa se convierte en ácido ascórbico a través de una serie de reacciones químicas.

3.4.	Purificación: El ácido ascórbico se purifica y se cristaliza.

Ventajas y desventajas de usar el pseudofruto del caujil:

Ventajas:

➢ Uso de subproductos: El pseudofruto del caujil es un subproducto de la industria de la nuez del caujil que podría aprovecharse para la producción del ácido ascórbico, agregando valor a la fruta.
➢ Fuente natural: El pseudofruto contiene una cantidad significativa de vitamina C, lo que lo convierte en una opción interesante en términos de recursos naturales.

Desventajas:

➢ Bajas concentraciones del ácido ascórbico: El pseudofruto del caujil no contiene una cantidad suficientemente del ácido ascórbico como para ser una fuente competitiva frente a otras fuentes más ricas, como los cítricos, el mango o las fuentes industriales como la glucosa para la fermentación.
➢ Costos de extracción: El proceso de extracción y purificación del ácido ascórbico a partir del pseudofruto del caujil puede ser costoso y menos eficiente que los métodos industriales de producción por fermentación o síntesis química.
➢ Alternativas más eficientes: El proceso de fermentación y la síntesis química son métodos mucho más eficientes para la producción masiva del ácido ascórbico a nivel industrial.

La producción del ácido ascórbico a partir del pseudofruto del caujil es técnicamente posible, pero no es la vía más común ni rentable debido a las bajas concentraciones de vitamina C en el pseudofruto y los costos elevados de los procesos de extracción. Los métodos más utilizados en la industria para la producción de ácido ascórbico incluyen la fermentación utilizando fuentes de azúcar como la glucosa y la síntesis química a partir de glucosa. Sin embargo, aprovechar el pseudofruto del caujil para la obtención de ácido ascórbico puede ser una opción interesante en contextos locales, donde se busca agregar valor a los subproductos de esta fruta [46, 47].

2.4.6. Antioxidantes del mango.

El desarrollo de antioxidantes en el mango es un tema muy importante debido a las propiedades nutricionales y funcionales de esta fruta tropical. Los antioxidantes son compuestos bioactivos que ayudan a combatir el estrés oxidativo en el cuerpo, protegiendo las células contra el daño causado por los radicales libres. En el mango, los principales antioxidantes incluyen polifenoles, carotenoides, vitamina C y flavonoides.

Factores que influyen en el contenido de antioxidantes en el mango:

1. Variedad de mango:

➢ Cada variedad tiene una composición distinta de antioxidantes. Algunas variedades son más ricas en polifenoles, mientras que otras destacan por su contenido de carotenoides.

2. Estado de maduración:

➤ Los niveles de antioxidantes varían a lo largo del proceso de maduración. En etapas iniciales, los polifenoles suelen estar en mayor concentración, mientras que los carotenoides aumentan conforme el fruto madura.

➤ La vitamina C tiende a alcanzar su pico durante la maduración intermedia y puede disminuir al llegar a una sobremaduración.

3. Condiciones de cultivo:

➤ Factores como la disponibilidad de nutrientes, el clima, la altitud y el riego influyen en la síntesis de antioxidantes.

➤ El estrés abiótico (sequía o exposición a altas temperaturas) puede inducir la producción de compuestos antioxidantes como respuesta protectora.

4. Procesamiento y almacenamiento:

➤ El manejo postcosecha y el almacenamiento a temperaturas adecuadas son cruciales para preservar los antioxidantes.

➤ Técnicas como la liofilización o el almacenamiento bajo atmósferas modificadas ayudan a minimizar la pérdida de antioxidantes.

5. Parte del fruto:

➤ La cáscara del mango contiene mayores concentraciones de antioxidantes, especialmente flavonoides y taninos, en comparación con la pulpa.

Beneficios de los antioxidantes en el mango:

➤ Salud cardiovascular: Los polifenoles y la vitamina C ayudan a reducir la inflamación y mejorar la función endotelial.

➢ Prevención de enfermedades crónicas: Los antioxidantes reducen el riesgo de cáncer, diabetes tipo 2 y enfermedades neurodegenerativas.
➢ Propiedades antienvejecimiento: Los carotenoides y la vitamina C contribuyen a la regeneración celular y la protección de la piel contra el daño solar.

2.4.7. Antioxidantes de la cáscara del mango.

La cáscara del mango es una parte subutilizada de la fruta que contiene una concentración significativamente mayor de compuestos antioxidantes en comparación con la pulpa. Esto se debe a su función protectora, que requiere un contenido elevado de metabolitos secundarios para resistir agresiones externas como la luz ultravioleta, patógenos y estrés ambiental [49, 50].

Principales antioxidantes en la cáscara del mango:

1. Flavonoides:

➢ Potentes antioxidantes que neutralizan radicales libres y reducen la inflamación.
➢ Incluyen quercetina, catequinas y rutina, que están presentes en mayor proporción en la cáscara.

2. Taninos:

➢ Contribuyen a las propiedades antioxidantes y astringentes de la cáscara.
➢ Actúan como agentes protectores frente al estrés oxidativo.

3. Ácidos fenólicos:

➢ Como el ácido gálico y el ácido protocatéquico, con alta actividad antioxidante.

4. Carotenoides:

➢ Aunque están presentes en menor medida en la cáscara que en la pulpa, aportan actividad antioxidante y coloración.

5. Vitamina C:

➢ Se encuentra tanto en la cáscara como en la pulpa, pero la cáscara puede tener más vitamina C en ciertas condiciones: período de madurez.

Potencial de la cáscara del mango:

La cáscara, al ser un subproducto de la industria del mango, tiene un gran potencial en aplicaciones funcionales y nutracéuticas, como:

➢ Extractos antioxidantes: Para su uso en suplementos dietéticos.
➢ Cosméticos naturales: Por sus propiedades antiinflamatorias y antienvejecimiento.
➢ Conservantes naturales: Por su capacidad para prevenir la oxidación en alimentos.

Aunque la cáscara del mango es rica en antioxidantes, su uso está limitado por factores como:

➢ Presencia de compuestos antinutricionales: Como la lignina o residuos de pesticidas, que requieren procesamiento previo.
➢ Sabor amargo y astringente: Asociado a los taninos y flavonoides, lo que puede dificultar su consumo directo.

Métodos de extracción de antioxidantes de la cáscara del mango:

1. Extracción con solventes convencionales:

> ➢ Principio: Uso de solventes orgánicos o acuosos para disolver y recuperar compuestos bioactivos.
> ➢ Solventes típicos: Etanol y metanol (preferidos por su seguridad alimentaria). Mezclas hidroalcohólicas para aumentar la selectividad.
> ➢ Variables clave: Relación sólido:líquido (1:10 o 1:20 para optimizar el rendimiento). Temperatura: 25 °C – 60 °C (evitar temperaturas altas que desnaturalicen antioxidantes). Tiempo: 30 minutos – 120 minutos, dependiendo del tipo de solvente.
> ➢ Ventajas: Sencillo y escalable. Eficiente para flavonoides y taninos.
> ➢ Limitaciones: Uso de solventes tóxicos como metanol puede ser restrictivo en aplicaciones alimentarias.

2. Extracción asistida por ultrasonido (UAE):

> ➢ Principio: Uso de ondas ultrasónicas para romper paredes celulares y liberar compuestos bioactivos.
> ➢ Condiciones óptimas: Frecuencia: 20 kHz – 40 kHz. Tiempo: 10 minutos – 30 minutos.
> ➢ Solventes: Etanol acuoso (60 % – 80%).
> ➢ Ventajas: Mayor rendimiento en menor tiempo. Menor uso de solventes.
> ➢ Aplicaciones: Ideal para flavonoides y ácidos fenólicos.

3. Extracción asistida por microondas (MAE):

> ➢ Principio: Aplicación de energía microondas para calentar rápidamente el solvente, acelerando la extracción.
> ➢ Parámetros clave: Potencia: 400 W – 800 W. Tiempo: 2minutos – 10 minutos.

> Solventes: Hidroalcohólicos.
> Ventajas: Procesos rápidos. Alta eficiencia en compuestos termoestables.
> Limitaciones: No apto para compuestos sensibles al calor.

4. Extracción con fluidos supercríticos (SFE):

> Principio: Uso de CO_2 en estado supercrítico para extraer antioxidantes lipofílicos (como carotenoides).
> Condiciones típicas: Presión: 100 bar – 300 bar. Temperatura: 40 °C – 60 °C.
> Modificadores: Etanol o agua para mejorar la solubilidad.
> Ventajas: Proceso sin solventes tóxicos. Altamente selectivo.
> Limitaciones: Costos iniciales elevados.

5. Extracción enzimática:

> Principio: Uso de enzimas como pectinasa o celulasa para degradar la matriz celular y liberar compuestos bioactivos.
> Condiciones: pH: 4–6. Temperatura: 40 °C – 50 °C. Tiempo: 1horas – 3 horas.
> Ventajas: Método ecológico. Conserva la bioactividad.
> Limitaciones: Costos de enzimas.

Aplicaciones potenciales de los extractos antioxidantes:

1. Industria alimentaria:

> Incorporación como conservantes naturales en alimentos y bebidas.
> Producción de recubrimientos comestibles antioxidantes.

2. Industria cosmética:

➢ Desarrollo de productos antienvejecimiento de serums (producto de cuidado de la piel) y cremas.

➢ Ingrediente activo en protectores solares.

3. Industria farmacéutica y nutracéutica:

➢ Producción de suplementos antioxidantes.

➢ Uso en tratamientos antiinflamatorios.

4. Industria de empaques:

➢ Producción de biopolímeros antioxidantes para envases biodegradables.

2.4.8. Antioxidantes en el caujil.

El desarrollo de antioxidantes en el caujil es un tema interesante y con aplicaciones relevantes en las industrias alimentaria, farmacéutica y cosmética. Este enfoque se centra en aprovechar los compuestos bioactivos presentes en las diferentes partes del caujil, como el pseudofruto y la nuez, para la extracción y aplicación de antioxidantes naturales [51].

1. Componentes antioxidantes del anacardo:

➢ Polifenoles: Las nueces y el pseudofruto contienen una cantidad significativa de compuestos fenólicos que actúan como antioxidantes naturales.

➢ Tocoferoles y fitosteroles: Presentes en el aceite del caujil, estos compuestos contribuyen a su capacidad antioxidante.

➢ Ácidos fenólicos: Como el ácido gálico, que se ha identificado en extractos del caujil.

➢ Cardanol y cardol: Derivados del líquido de la cáscara de la nuez del caujil (Cashew Net Shell Liquid – CNSL), conocidos por sus propiedades antioxidantes y antimicrobianas.

2. Métodos de extracción:

➢ Extracción con solventes: Utilizando etanol, metanol o acetona, se extraen los compuestos fenólicos.
➢ Extracción asistida por ultrasonido: Mejora la eficiencia y reduce el tiempo del proceso.
➢ Extracción enzimática: Usa enzimas para liberar antioxidantes de las matrices vegetales.
➢ Tecnologías verdes: Como la extracción con fluidos supercríticos, que minimizan el impacto ambiental.

3. Aplicaciones:

➢ Industria alimentaria: Como conservantes naturales en productos perecederos, para su capacidad para retrasar la oxidación de lípidos.
➢ Salud: Uso potencial en suplementos antioxidantes para combatir el estrés oxidativo y enfermedades relacionadas con los radicales libres.
➢ Cosmética: Inclusión en productos anti-envejecimiento debido a sus propiedades protectoras contra el daño oxidativo en la piel.

4. Desafíos y perspectivas:

➢ Estandarización de métodos: Para garantizar la reproducibilidad y calidad de los antioxidantes extraídos.
➢ Optimización de la extracción: Evaluar la relación costo-eficiencia y el impacto ambiental.
➢ Estudios clínicos: Demostrar los beneficios concretos en la salud humana.

El desarrollo industrial de antioxidantes a partir de todas las partes del caujil presenta un enfoque integral que maximiza el aprovechamiento de este recurso natural y promueve prácticas sostenibles. Aprovechamiento industrial para cada parte del caujil:

1. La nuez del caujil.

La semilla (o nuez) es rica en grasas, proteínas y compuestos antioxidantes, especialmente polifenoles. Tipos de antioxidantes: Polifenoles (catequinas, ácido gálico), Tocoferoles (vitamina E) y Fitosteroles.

Proceso industrial: 1) Desgrasado parcial, 2) Extracción de aceite mediante prensado o solventes, que retiene compuestos bioactivos, 3) Extracción de polifenoles, 4) Uso de solventes como etanol o tecnologías limpias como fluidos supercríticos, 5) Purificación, 6) Uso de cromatografía para separar antioxidantes de alta pureza y productos derivados, 7) Extractos antioxidantes para alimentos funcionales y 8) Ingredientes activos para suplementos y productos cosméticos.

2. Líquido de la cáscara de la semilla (Cashew Net Shell Liquid (CNSL), por sus siglas en inglés).

El líquido de la cáscara es un subproducto rico en compuestos fenólicos, como cardanol y cardol, con potentes propiedades antioxidantes y antimicrobianas. Antioxidantes: Cardanol y Cardol.

Proceso industrial: 1) Extracción de CNSL: Mediante prensado mecánico o extracción con solventes, 2) Purificación de compuestos bioactivos: Destilación fraccionada o procesos enzimáticos y 3) Microencapsulación: Para estabilizar los compuestos y extender su vida útil.

Productos derivados: 1) Antioxidantes naturales para aceites y grasas industriales y 2) Ingredientes en recubrimientos y productos anticorrosivos con capacidad antioxidante.

3. Fruto (Manzana o pseudofruto del caujil).

La manzana del caujil, a menudo descartada, contiene un alto contenido de antioxidantes y otros compuestos funcionales. Antioxidantes: Vitamina C, Carotenoides y Antocianinas.

Proceso industrial: 1) Producción de jugos y concentrados: Con procesos de prensado en frío para conservar los antioxidantes, 2) Extracción de antioxidantes: Mediante técnicas de ultrasonido o extracción por microondas y 3) Secado y pulverización: Para producir polvos ricos en antioxidantes.
Productos derivados: 1) Bebidas funcionales, 2) Polvos antioxidantes para alimentos y 3) Suplementos.

4. Corteza y hojas.

Estas partes suelen ser subproductos, pero son ricas en taninos y compuestos fenólicos con potencial antioxidante. Antioxidantes: Taninos condensados y Flavonoides.

Proceso industrial: 1) Recolección sostenible: Uso de subproductos agrícolas para minimizar el impacto ambiental, 2) Extracción de antioxidantes: Utilizando técnicas como lixiviación asistida por enzimas y 3) Concentración y secado: Para obtener extractos de taninos.
Productos derivados: 1) Conservantes naturales para alimentos, 2) Ingredientes activos para cosméticos y 3) Productos farmacéuticos.

5. Estrategias de sostenibilidad y escalabilidad.

➤ Integración industrial: Diseñar plantas de procesamiento que manejen todas las partes del caujil, reduciendo residuos y maximizando la rentabilidad.

➤ Valorización de subproductos: Los residuos del proceso (como pulpas o restos de cáscara) pueden reutilizarse como biomasa para energía o fertilizantes orgánicos.

➤ Colaboración con sectores afines: Alimentos, cosméticos y farmacéuticos pueden beneficiarse de la producción industrial de antioxidantes.

Impacto y Perspectivas:

➤ Económico: 1) Diversificación de productos a partir de un solo cultivo y 2) Incremento en el valor agregado de subproductos.

➤ Ambiental: 1) Promoción de la economía circular, 2) Reducción de desechos agroindustriales y 3) Salud y bienestar: Producción de antioxidantes naturales para combatir el estrés oxidativo en alimentos y suplementos.

2.5. Antecedentes de la investigación.

Zhongwei (2017) [51], realizó un trabajo especial de grado que lleva por título: Métodos analíticos para la determinación de la vitamina C y alimentos. Universidad Complutense. Facultad de Farmacia. España.

Este trabajo especial de grado tuvo como objetivo general desarrollar métodos analíticos para la determinación de vitamina C en alimentos, así mismo, estuvo constituido por dos objetivos específicos, los cuales fueron: conocer el papel fisiológico de la vitamina C en el ser humano y la revisión de los métodos analíticos para la determinación de vitamina C. El trabajo dejó constancia de la ventaja que tiene la Cromatografía Líquida de Alta resolución (CLAR), sobre los otros métodos para la determinación de vitamina C (ácido ascórbico), puesto que ofrece una gran precisión de resultados, sin embargo, la técnica es costosa. Por lo tanto, a nivel de costos se comprobó que es recomendable la titulación volumétrica de óxido-reducción.

Lo implementado en este trabajo especial de grado proporciona a la investigación actual, conocimientos sobre los distintos métodos analíticos, abarcando tanto sus ventajas como desventajas. Y así poder seleccionar el que se adapte de mejor manera a las condiciones que se llevarán a cabo.

Maldonado & Liñan (2014) [15], desarrollaron un trabajo especial de grado titulado: Comparación del rendimiento del ácido cítrico extraído del semeruco (*Malpighia emarginata*) con respecto al extraído del limón, naranja y piña. Universidad Rafael Urdaneta. Facultad de Ingeniería. Escuela de Ingeniería Química. Venezuela.

El objetivo general del trabajo fue el de comparar el rendimiento del ácido cítrico extraído del semeruco con respecto al extraído del limón, naranja y piña. Por otro lado, los objetivos específicos planteados fueron: seleccionar una metodología para la determinación de ácido cítrico, caracterizar el extracto del semeruco, determinar el rendimiento del ácido cítrico en el semeruco, contrastar el rendimiento del ácido cítrico extraído del semeruco con respecto al extraído del limón, naranja y piña.

La investigación cumplió con los objetivos al encontrar una metodología que se adaptara a los parámetros seleccionados (tiempo, reactivos y costos). Se realizaron análisis de parámetros fisicoquímicos para la caracterización del extracto de semeruco, en el que se efectuaron pruebas de pH y °Brix tanto con el pH-metro como con el refractómetro. Donde se arrojó un pH de 4,0 del jugo de semeruco y 1,3 g de sacarosa por cada 100 g de jugo.

Finalmente, al comparar la concentración de ácido cítrico determinada en el semeruco con respecto a los tabulados para el limón, naranja y piña, se evidenció que el limón es la fruta con mayor concentración de ácido cítrico con 46 g/L, mientras el semeruco sólo posee 0,671 g/L, una diferencia bastante considerada.

Este estudio resulta fundamental para la investigación de estudio, puesto se utilizan métodos accesibles que proporcionan resultados favorables.

Rosales (2010) [10], realizó el trabajo especial de grado titulado: Evaluación de la concentración del ácido cítrico extraído del jugo de piña. Universidad Rafael Urdaneta. Facultad de Ingeniería. Escuela de Ingeniería Química. Venezuela.

Su objetivo general fue evaluar la concentración de ácido cítrico extraído del jugo de la piña. Sus objetivos específicos fueron: Determinar la concentración del ácido cítrico extraído del jugo de la piña, caracterizar el tipo de ácido cítrico extraído del jugo de la piña de acuerdo con el comportamiento fisicoquímico y finalmente comparar la concentración del ácido cítrico del jugo de la piña con la concentración del jugo de limón y de la naranja.

Se ratificó la presencia de ese ácido, determinándose la concentración en la muestra a través de una Cromatografía Líquida de Alta Resolución (CLAR). Se evaluó el pH y los grados Brix, como parámetros fisicoquímicos de la muestra. Se comparó la concentración de ácido cítrico en las muestras de limón, piña y naranja, encontrándose que el limón fue la fruta, que presentó mayor concentración de ácido cítrico, debido al estado de madurez de la muestra.

El aporte a este trabajo de investigación se presenta en las variables medidas, las cuales en este caso fueron; concentración de ácido cítrico extraído en el jugo de la piña, caracterización del tipo de ácido cítrico extraído del jugo de la piña de acuerdo con el comportamiento fisicoquímico y finalmente la concentración de ácido cítrico extraído del jugo de la piña con respecto a la concentración de ácido cítrico del jugo de limón y naranja.

En el mismo orden de ideas, Gutiérrez et al. (2007) [16], realizaron un trabajo de investigación titulado: Determinación del contenido del ácido ascórbico en uchuva (*Physalis peruviana L.*), por cromatografía líquida de alta resolución (CLAR). Universidad del Valle. Facultad de Ciencias Agropecuarias. Colombia.

El objetivo general de dicho estudio fue encontrar las condiciones óptimas para la extracción, identificación y cuantificación por cromatografía líquida de alta resolución (CLAR) del ácido ascórbico (AA) presente en la uchuva (*Physalis peruviana L.*). Donde para ello se analizaron diferentes metodologías para lograr el proceso de extracción, entre ellos el método del ácido fosfórico donde se encontraron porcentajes de recuperación entre el 92, 36 y 100,4%.

Las condiciones de operación más adecuadas para la cuantificación del ácido ascórbico (AA) por CLAR, fueron, en su fase móvil: NaH_2PO_4 al 1% pH=2,7; en la fase estacionaria: Hypersil C18 ODS µ5m x 4,0 mm x 250mm; con longitud de máxima absorción: 265nm y un flujo de 0.9 mL/min. Mientras, por otro lado, la metodología de cuantificación mostró linealidad, precisión, exactitud y sensibilidad a un nivel de confianza del 95% respectivamente.

La investigación ofrecida por dichos autores ofrece la oportunidad de comparar las metodologías implementadas para asociar los resultados obtenidos con los ya establecidos por la teoría. Producto de la eficiencia que mostró la metodología para el trabajo con matrices complejas como los alimentos, por su versatilidad y bajo costo. Logrando de esta manera, el cumplimiento de este estudio.

2.6. Bases teóricas de la investigación.

Para complementar los antecedentes que sustentan la presente investigación, es necesario destacar las bases teóricas que permiten dar forma de manera más específica a los objetivos, dimensiones e indicadores del objeto de estudio. Las bases teóricas brindan al investigador el apoyo inicial dentro del conocimiento del objeto de estudio, es decir, cada problema posee algún referente teórico [42]. En base a lo antes expuesto, se presentan a continuación las teorías que sustentan la investigación:

2.6.1. Ácido cítrico.

Es conocido como el ácido de las frutas, es ampliamente distribuido en, la naturaleza, siendo la principal existencia de este ácido, el limón, naranja, toronja conocidos como frutas cítricas se encuentra también en la remolacha, pera, melocotón y piña acompañado de málico en las cerezas, frambuesas y fresas [47].La mayoría de los ácidos comunes con los que convivimos son orgánicos, es decir, contienen átomos de carbono, siendo el grupo más numeroso para el de los ácidos carboxílicos, caracterizados por la presencia del grupo funcional carboxilo (COOH), el cual confiere la siguientes propiedades:

➢ Son ácidos débiles en solución acuosa
➢ Con alto punto de ebullición
➢ Capacidad para formar interacciones intermoleculares como enlaces de hidrógeno.

En este sentido, el descubrimiento de los ácidos orgánicos, especialmente carboxílicos, está estrechamente relacionado con el desarrollo de la química experimental y bioquímica. Desde entonces los acontecimientos importantes en la ingeniería, la bioquímica y la microbiología han permitido la aplicación de procesos a escala industrial de fermentación para la producción de diversos productos de interés comercial (enzimas, antibióticos, solventes orgánicos, vitaminas y aminoácidos, entre otros) [45].

Los ácidos carboxílicos, son sustancias orgánicas débiles, con sólo el 1 % de las moléculas RCOOH disociado en iones a temperatura ambiente y en disolución acuosa. Son sustancias polares, que pueden formar puentes de hidrógeno entre sí o con las moléculas de otra especie con valores de pKa entre 4 y 5.Esos ácidos se encuentran ampliamente distribuidos en la naturaleza, ya sea en su forma original o en la de alguno de sus derivados (ésteres, amidas y anhídridos); por ejemplo: el ácido cítrico se encuentra en las frutas como los limones y las naranjas; el ácido acético en el vinagre; el ácido láctico se produce en la leche cuando esta inicia su descomposición, dando como consecuencia un sabor agrio.

Ácidos orgánicos:

➢ Ácido fórmico: Es la causa del ardor de las picadas de las hormigas, es el más simple de los ácidos carboxílicos. Su nombre es originario de la palabra en latín *formica*, que significa hormiga.

➢ Ácido acético: Es el principal ingrediente del vinagre. Su nombre se deriva del latín *acetum*, que significa agrio. Conocido y usado hace bastante tiempo por la humanidad, se emplea como condimento y conservante de alimentos.

➢ Ácido acetilsalicílico: Conocido como aspirina y usado contra la fiebre y analgésico, es producido junto con el ácido acético, por la reacción de esterificación del ácido salicílico (2-hidroxibenzoico) con el anhídrido acético. El nombre del ácido salicílico deriva del latín *salix*, que significa sauce, del árbol de sauce [45].

➢ Ácido cítrico: Es el responsable de la acidez de las frutas cítricas. Para uso industrial, el ácido cítrico es fabricado por la fermentación aeróbica del azúcar de caña (sacarosa) o azúcar de maíz (dextrosa) por una cepa especial de *Aspergillus niger*. Su mayor empleo es como acidulante en bebidas carbonatadas y alimentos.

➢ Ácido propiónico: Es el responsable por el olor característico del queso suizo. Durante el período principal de maduración de este tipo de queso, *Propionibacterium shermanii*, y microorganismos similares, convierten ácido láctico y lactatos a ácidos propiónico, acético y dióxido de carbono. El CO_2 gaseoso generado es responsable por la formación de los "huecos" característicos del queso suizo [45].

➢ Ácido butírico (butanóico): Su nombre deriva del latín *butyrum*, que significa mantequilla. Produce un olor peculiar por la rancidez de la mantequilla. Es usado en la síntesis de aromas, en fármacos y en agentes emulsionantes.

➢ Ácido láctico: Se produce por la fermentación bacteriana de lactosa (azúcar de la leche) por *Streptococcus lactis*. Fabricado industrialmente por la fermentación controlada de hexosas de melaza, maíz y leche, se utiliza en la industria alimentaria como acidulante. El ácido láctico también se produce en nuestro cuerpo.

➢ Ácido sórbico (2,4-hexadienóico): Se encuentra en muchas plantas y es utilizado como fungicida, conservante de alimentos y en la fabricación de plásticos y lubricantes.

➢ Ácido ascórbico: Conocido como vitamina C, tiene su nombre químico que representa a dos de sus propiedades: una química y otra biológica. Su característica ácida es derivada de la ionización de un hidroxilo y de un grupo enol (pKa = 4,25). Además, la palabra ascórbico representa su valor biológico en la protección contra la enfermedad escorbuto, del latín *scorbutus* .

En 1860 comenzó a obtenerse el ácido cítrico de las frutas mediante el uso de sales de calcio, derivadas del jugo de limas y limones italianos. El proceso tenía un rendimiento muy bajo, se requerían de 30 a 40 toneladas de limones para obtener una tonelada de ácido cítrico. Sin embargo, su producción en Europa se convirtió en un monopolio italiano que se extendió hasta las primeras dos décadas del siglo XX.

La producción biológica del ácido cítrico se hace posible en 1893, Whmer descubrió que especies de *penicilium* cultivadas en medios azucarados eran capaces de acumular pequeñas cantidades de ácido cítrico. Sin embargo, la producción microbiana no llegó a ser industrialmente importante hasta llegada la I Guerra Mundial que interrumpió la producción italiana de limones, conduciendo a precios muy elevados del ácido cítrico [45].

En 1917, Currie publicó un documento en el Journal of Biological Chemistry donde divulga su investigación con el hongo *Aspergillus Níger*, el cual produjo cantidades relativamente grandes de ácido cítrico al ser cultivado en soluciones de azúcares, sales y hierro. Charles Pfizer, Inc. trabajó con Currie para escalar el proceso a niveles más altos e inicia la producción a escala industrial en su planta de Brooklyn en 1923 usando esta técnica, rompiendo así el monopolio italiano.

2.6.2. Usos del ácido cítrico.

La producción mundial anual de ácido cítricos se ubica alrededor de las 400.000 toneladas. Su principal aplicación en la industria alimentaria es como acidulante debido al sabor ácido agradable que les imparte a los alimentos, su alta solubilidad en agua y a que está clasificado por la Food and Agriculture Organization (FAO) y la Organización Mundial de la Salud (OMS) como un ingrediente seguro en los alimentos. La OMS, resalta que los aditivos alimentarios que han de incluirse en las listas autorizadas que se publicarán. El Codex Alimentarios han sido considerados por el Comité Mixto FAO/OMS de Expertos en Aditivos Alimentarios, en el cual ha evaluado los datos toxicológicos disponibles y ha establecido las dosis admisibles de ingestión diaria, junto con especificaciones para su identidad y pureza.

El ácido cítrico se utiliza ampliamente en la industria alimentaria, aproximadamente 60 % del total producido, y en menor medida en la producción de detergentes (24 %), en las industrias farmacéuticas y de cosméticos (10 % de la producción) y en la industria del plástico. En los Estados Unidos el ácido cítrico constituye el 75 % del mercado de acidulantes. Otros usos del ácido cítrico y sus sales son como mezclas buffer, principalmente en la producción de cosméticos y productos farmacéuticos. Además, el ácido cítrico tiene alta capacidad quemante, propiedad que se utiliza en la producción de detergentes biodegradables.

Además, tiene muchas aplicaciones industriales como quemante de iones, neutralizante de bases y como amortiguador. Químicamente, el ácido cítrico comparte las características de otros ácidos carboxílicos. Cuando se calienta a más de 175 °C, se descompone produciendo dióxido de carbono y agua. Forma varias sales, incluyendo aquellas de las familias de los metales alcalinos y alcalinotérreos, ésteres, amidas y cloruros de acilo.

Pueden generarse compuestos mixtos como las sales de los ésteres ácidos. No puede formarse en anhidro mismo, pero los derivados acílicos del ácido pueden deshidratarse para dar lugar a los anhídridos cítricos acílicos. Del grupo hidroxilo pueden derivar grupos acílicos, ésteres. En solución acuosa, el ácido cítrico puede ser un poco corrosivo para los aceros al carbón, por tanto, debe usarse con un inhibidor apropiado.

No es corrosivo para los aceros inoxidables, que a menudo se emplean en los materiales con los cuales se procesa el ácido cítrico. Se encuentra en la naturaleza un amplio uso del ácido cítrico y sus sales en industrias tales como se refiere a continuación:

Área de alimentos: En la industria de alimentos, el ácido cítrico suele usarse como antioxidante e inhibidor del deterioro de sabores y olores, también como emulsionante, estabilizante y modificador de la acidez y el sabor. El ácido cítrico ha llegado a ser el acidulante preferido por la industria de las bebidas, debido a que es el único que otorga a las bebidas gaseosas propiedades de sabor y acidez naturales.

Conservador: El ácido cítrico y sus sales de sodio y potasio actúan como conservante en las bebidas y jarabes, contribuyendo al logro del gusto deseado mediante la modificación del sabor dulce.

Remoción de trazas de metales: Se aprovecha también su capacidad para remover trazas de metales, lo que evita el deterioro del sabor, color y contenido de vitamina C.

El ácido cítrico supone casi las tres cuartas partes del consumo acidulante total en la comunidad Industrial de frutas y vegetal. El ácido cítrico y sus sales de sodio y potasio dan mejor sabor, controlan el pH, son preservantes porque inactivan trazas de metales que pueden causar deterioro del sabor, color y contenido de vitamina C. Las bebidas representan el mayor mercado global del ácido cítrico, debido a su versatilidad y su abundancia en la naturaleza es ideal para el desarrollo de nuevos productos.

En enlatados se utiliza para disminuir la temperatura y el tiempo de cocción, en alimentos congelantes aumenta la actividad de antioxidantes e inactivando algunas enzimas. En la industria de lácteos trabaja como acidulante en quesos, queso crema y mantequilla. En la refinación de aceites vegetales se utiliza en los procesos de desgomado, blanqueo y desodorizado como antioxidante.

Área de Cosméticos: El uso general en este sector abarca su empleo como constituyente de formulaciones, contribuyendo a mejorar la vida, eficiencia y la apariencia del producto final. Fácilmente, se observa su uso en productos para el cuidado del cabello, perfumes, cremas, lociones desodorantes, quitaesmaltes y jabones.

Área farmacéutica: Cuando el ácido cítrico se combina con bicarbonato de sodio y otras sales, al agregarse agua se produce una solución salina gaseosa, efervescente y refrescante. Esta combinación es especialmente efectiva en productos donde se desea una disolución rápida, buena apariencia visual y sabores singulares. Además, el ácido cítrico provee en las drogas la necesaria estabilización de los ingredientes activos por su acción antimicrobial y antioxidante. En el sector farmacéutico también tiene demanda el citrato de sodio; además de usarse en jarabes, es anticoagulante, especial para bancos de sangre. El ácido cítrico también se utiliza a menudo como anión en preparaciones farmacéuticas que emplean sustancias básicas como agente activo.

Área agroindustrial: En el tratamiento de terrenos se usan el ácido cítrico y el sulfato de calcio. El primero, para mejorar la asimilación de los micronutrientes por parte de las plantas y el sulfato para el control de la alcalinidad de los suelos. Se conoce también el uso del ácido cítrico como dispersante en la aplicación de pesticidas y herbicidas.

El ácido cítrico y sus sales están diversificando su aplicación, sustituyendo materias primas importadas, y es así como hoy en día ve su uso en renglones industriales tan importantes como la industria de detergentes. Las ventajas principales de los citratos en las formulaciones de detergentes son su biodegradabilidad y la facilidad de tratamiento, particularmente en formulaciones que contienen zeolita. Para contener los costos, las grandes empresas de detergentes generalmente compran ácido cítrico y lo convierten en el citrato requerido. En áreas donde existen restricciones de fosfatos en detergentes, el citrato trisódico está substituyendo los fosfatos especialmente en limpiadores líquidos.

También es requerido en la industria textil en el área de teñido, la industria de cueros y marroquinería, la industria del papel.

Además, los ésteres de ácido cítrico de una amplia gama de alcoholes son conocidos; en particular los ésteres trietil, tributil y acetiltributil son empleados como plastificantes no tóxicos utilizados en películas plásticas para proteger alimentos. Otros usos específicos del ácido cítrico en el sector industrial: acabado de metales, separación de herrumbre y desincrustación, remoción por electrolisis, galvanización de cobre, textiles, curtiembre, compuestos lavadores de botellas, evaporadores de agua salada, imprenta, bloques de construcción, intercambio de iones, separación de dióxido sulfuroso del gas de chimenea.

2.6.3. Vitamina C (ácido ascórbico).

El ácido ascórbico (AA) o vitamina C, es un nutrimento esencial para los humanos. Una baja ingesta de dicho componente causa enfermedad, por deficiencia, conocida como escorbuto. Este ácido está presente en forma natural en muchas frutas y verduras, además, estos alimentos son ricos en vitaminas antioxidantes, compuestos fenólicos y carotenos. Asimismo, la Food and Drug Administration (FDA, Dirección de Alimentos y Medicamentos), clasifica el ácido ascórbico sintético como aquel aditivo alimenticio generalmente reconocido como seguro. Esto se adiciona a una amplia variedad de alimentos, tanto por razones nutricionales como técnicas.

2.6.3.1. Características químicas de la vitamina C.

El ácido ascórbico puede presentarse en dos formas químicas interconvertibles: ácido ascórbico (2,3-enediol-L-gulona-1,4-lactona) (AA) y ácido dehidroascórbico (2,3- dicetogluonato) (ADA), siendo ambas formas funcionales biológicamente y manteniéndose en equilibrio fisiológico. Si el ácido dehidroascórbico sufre hidrólisis se transforma en ácido dicetogulónico, no activo biológicamente, siendo esta transformación irreversible. La hidrólisis ocurre espontáneamente en disolución neutra o alcalina.

La vitamina C es un compuesto inestable, debido a la facilidad con la que se oxida e hidroliza. Se descompone con facilidad en el procesamiento y conservación de los alimentos, por lo que se utiliza como indicador de la pérdida vitamínica de un alimento durante su procesado y almacenamiento. Por otra parte, el calor y los cationes metálicos degradan la vitamina C [51].

2.6.3.2. Importancia de la vitamina C en el ser humano.

El ácido ascórbico es esencial para la síntesis del colágeno, en concreto actúa como coenzima en la síntesis del procolágeno favoreciendo la hidroxilación de los residuos de prolina y lisina. En este sentido, la vitamina C es importante para el mantenimiento del tejido conjuntivo normal, para la curación de heridas y para la formación del hueso, ya que el tejido óseo contiene una matriz orgánica con colágeno. También interviene en la síntesis de lípidos, proteínas, norepinefrina, serotonina, y en el metabolismo de tirosina y fenilalanina, en los componentes de los seres humanos.

En su condición de agente reductor, el ácido ascórbico participa en los sistemas redox del organismo; ayuda a la absorción del catión hierro (II) a través de las mucosas gástrica y duodenal; protege la vitamina A, vitamina E y algunas vitaminas B de la oxidación; también favorece la utilización del ácido fólico ayudando a la conversión del folato en tetrahidrofolato o mediante la formación de derivados poliglutamato del tetrahidrofolato. Finalmente, la vitamina C es un antioxidante biológico que protege al organismo del estrés oxidativo provocado por las especies reactivas del oxígeno. La vitamina C es ampliamente utilizado en el tratamiento de ciertas enfermedades, como el escorbuto, el resfriado común, la anemia, los trastornos hemorrágicos, trastornos de la cicatrización de heridas e infertilidad. Además, previene las cataratas y glaucoma.

2.6.3.3. Fuentes de vitamina C.

La vitamina C se encuentra principalmente en alimentos frescos de origen vegetal (frutas y hortalizas) y, en menor medida, alimentos de origen animal. Entre los alimentos de origen vegetal como los cítricos (naranjas, limones, limas y pomelos), kiwi, fresones, brócoli y lechuga, entre otros alimentos, que son fuente natural de vitamina C y de origen animal como hígado, leche y productos lácteos. La Ingesta Dietética (Diaria) Recomendada de vitamina C para niños 45 mg/día; para adultos 60 mg/día y para embarazadas 70 mg/día [11].

2.6.3.4. Determinación de la vitamina C en alimentos.

La Association of Official Analytical Chemist (AOAC) ha recomendado la determinación de vitaminas mediante métodos microbiológicos, espectrofotométrico y fluorométricos. Los métodos rutinarios de volumetría de igual manera pueden ser empleados y permiten su aplicación en laboratorios de control de calidad de productos, constituyendo de esta manera un método alternativo válido en situaciones donde no se dispone de equipamiento de última generación.

El método volumétrico recomendado por la AOAC es la titulación con el indicador redox 2,6-diclorofenolindofenol. El análisis implica la oxidación del ácido ascórbico con un colorante redox, como el 2,6-diclorofenolindofenol (azul en medio básico y rojo en medio ácido), el cual se reduce en presencia del ácido. El contenido de ácido ascórbico es directamente proporcional a la capacidad de un extracto de la muestra para reducir una solución estándar determinada por titulación.

2.6.3.5. El pH.

Está definido como el logaritmo negativo de la concentración del ion hidrógeno, sus unidades son mol/L (ver la Ecuación 2.1):

$$pH = -\log [H^+]$$
(Ecuación 2.1)

El signo negativo del logaritmo proporciona un número positivo para el pH, el cual, de no contar con dicho signo arrojaría un valor negativo debido al pequeño valor de [H$^+$]. Por lo tanto, el término [H$^+$] corresponderá únicamente a la parte numérica de la expresión para la concentración con la que cuente el ion hidrógeno. Al igual que la constante de equilibrio, el pH de una disolución es una cantidad adimensional [45].

2.6.3.6. El °Brix

El °Brix miden el cociente total de sacarosa disuelta en un líquido. La escala Brix es un refinamiento de las tablas de la escala Balling, desarrollada por el químico alemán Karl Balling. La escala Brix es utilizada, mayormente, en la fabricación del jugo y vino de fruta y del azúcar a base de caña. Una solución de 25 °Brix tiene 25 g de azúcar (sacarosa) por 100 g de líquido, planteado de otra manera, podría decirse que hay 25 g de sacarosa y 75 g de agua en los 100 g de la solución en cuestión. Los grados Brix se miden con un sacarímetro, que se encarga de medir la gravedad específica de un líquido, o con un refractómetro [45].

2.7 Cuadro de variables.

2.7.1. Definición nominal o variable.

Ácido cítrico y Vitamina C (ácido ascórbico)

2.7.2. Definición conceptual.

El ácido cítrico (o Ácido 2-hidroxi-1,2,3-propanotricarboxílico) es un compuesto que está presente de forma natural tanto en frutas cítricas y verduras, así como en el organismo donde es un metabolito intermediario del ciclo de Krebs (ciclo de los ácidos tricarboxílicos).

Además, el ácido cítrico se produce industrialmente por fermentación, porque es un compuesto muy versátil con buenas propiedades conservantes, que se utiliza ampliamente como aditivo en la industria alimentaria y farmacéutica. Está considerado como seguro por el comité de expertos mixto FAO/OMS sobre aditivos alimentarios y lo podemos encontrar en forma anhidra o en forma monohidrato. Es soluble en agua, etanol y ligeramente en éter.

El ácido ascórbico (vitamina C) es una vitamina hidrosoluble esencial para el hombre. Existe en dos formas, ácido L-ascórbico y ácido L dehidroascórbico; ambas se encuentran en plantas verdes, tomates, frutas cítricas, patatas y, en cantidades menores, en tejidos animales.

2.7.3. Definición operacional.

Para obtener ácido cítrico y vitamina C (Ácido áscórbico) a partir del cajuil (*Anacardium occidentale L.*) y mango (*Magnifera indica*) es necesario inicialmente caracterizar fisicoquímicamente el jugo del cajuil y mango, para luego comprobar la eficiencia del método experimental por titulación en la obtención del ácido cítrico y ácido ascórbico a partir del cajuil y mango, seguidamente se determina el rendimiento de ácido cítrico y Vitamina C, presente en el jugo del cajuil y mango para finalmente comparar la composición de ácido ascórbico y ácido crítico en cajuil (*Anacardium occidentale L.*) y mango (*Magnifera indica*).

2.7.4. Operacionalización de las variables.

En la Tabla 2.5 se presentan las variables, dimensiones e indicadores:

Tabla 2.3. Cuadro de operacionalización de las variables.

Objetivo general: Obtener ácido cítrico y vitamina C (Ácido Ascórbico) a partir del Cajuil (*Anacardium occidentale L.*) y mango (*Magnifera indica*).			
Objetivos Específicos	**Variables**	**Dimensiones**	**Indicadores**
Caracterizar fisicoquímicamente el jugo del Cajuil (*Anacardium occidentale L.*) y mango (Magnifera indica).		Características fisicoquímicas del jugo de mango y cajuil	• pH • Grados °Brix • Humedad • Cenizas • Grasas
Comprobar la eficiencia del método experimental por titulación en la obtención del ácido cítrico y ácido ascórbico a partir del Cajuil (*Anacardium occidentale L.*) y mango (Magnifera indica)		Eficiencia de la metodología experimental por titulación en la obtención de ácido cítrico y ácido ascórbico el jugo del cajuil y mango.	• Tiempo en el que se realizará la investigación • Costos totales • Equipos requeridos • Reactivos
Determinar el rendimiento de ácido cítrico y Vitamina C, presente en el jugo del Cajuil (*Anacardium occidentale L.*) y mango (Magnifera indica).	Ácido cítrico y ácido ascórbico	Rendimiento de ácido cítrico y ácido ascórbico extraído del jugo de caujil y mango.	• Control de cantidad de ácido cítrico y ácido ascórbico obtenido en el mango y cajuil • Comparar la producción de ácido cítrico y ácido ascórbico en mango y cajuil • Cálculos para verificar la concentración de ácido cítrico y ácido ascórbico obtenido (g/L) en mango y cajuil
Comparar la composición de ácido ascórbico y ácido crítico en Cajuil (*Anacardium occidentale L.*) y mango (Magnifera indica).		Concentración de ácido ascórbico y ácido cítrico	• Cantidad de ácido cítrico/ volumen en el jugo extraído del mango y cajuil (g/L) • Cantidad de vitamina C / volumen en el jugo extraído del mango y cajuil (g/L)

CAPÍTULO III: MARCO METODOLÓGICO

La extensión de este capítulo describe la metodología que fue aplicada para desarrollar los objetivos de esta investigación, se definen el tipo y diseño de la misma para discernir el conjunto de acciones destinadas a describir y analizar el problema planteado, debido a esto, se describen procedimientos específicos que incluyen las técnicas de recolección de datos y la observación, luego de esto se describen las fases, las cuales contienen las actividades y procedimientos a realizar para dar cumplimiento y alcanzar los objetivos.

3.1. Tipo de investigación.

En la metodología se describe el proceso de investigación como tal, es decir, los sujetos estudiados, el material utilizado y procedimiento que se siguió o seguirá en la búsqueda del conocimiento, el objetivo primordial es proporcional al lector Información detallada acerca de la forma en que se realizó el estudio. Esta información permite evaluar la validez y adecuación que tuvieron o tendrán los métodos e instrumentos utilizados o los que se proponen [50].

Esta investigación definió una metodología experimental para la producción de ácido cítrico y ácido ascórbico, presente en el jugo de mango (*Magnifera indica L.*) y cajuil (*Anacardium occidentale L.*) por lo que se considera como descriptiva, por cuanto describe las variables del estudio: ácido cítrico y ácido ascórbico.

Estas características de un fenómeno y las propiedades se someten al análisis científico [49].

Este fue un estudio de tipo descriptivo, pues es el tipo de metodología que más se ajustó al problema planteado, ya que comprendió la descripción, registro y análisis e interpretación de la naturaleza actual y la composición o naturaleza de fenómenos [49].

A su vez existieron elementos que pueden ser considerados como una investigación cuantitativa, pues la misma ahonda en los fenómenos a través de la recopilación de datos y se vale del uso de herramientas matemáticas, estadísticas e informáticas para medirlos. Esto permite hacer conclusiones generalizadas que pueden ser proyectadas en el tiempo.

En el mismo orden de ideas la investigación del tipo Proyectivo, intenta proponer soluciones a una situación determinada, implica explorar, describir, explicar y proponer alternativas de cambio, y no necesariamente ejecutar la propuesta, está propuesta también se adaptó a las necesidades que requiere la presente investigación [49].

3.2. Diseño de investigación.

Un diseño de investigación se define como el plan global de investigación que integran de un modo coherente y adecuadamente correcto técnicas de recogidas de datos a utilizar, análisis previstos y objetivos. El diseño de una investigación intenta dar de una manera clara y no ambigua respuestas a las preguntas planteadas en las mismas.

El diseño de la investigación se refiere al plan o estrategia concebida para darle respuesta a las preguntas, objetivos e hipótesis de investigación. El diseño que se utiliza es experimental. El diseño de la investigación, según Hernández et al. (2014) [50], se define como "El término diseño se refiere al plan o estrategia concebida para obtener la información que se desea con el fin de responder al planteamiento del problema"(p.128); de igual forma afirman que "En el enfoque cuantitativo, el investigador utiliza sus diseños para analizar la certeza de las hipótesis formuladas en un contexto en particular o para aportar evidencias respecto de los lineamientos de la investigación (si es que no se tienen hipótesis)." (p.128).

La investigación metodológica experimental para la producción de ácido cítrico y ácido ascórbico, presente en el jugo de mango (*Magnifera indica L.*) y cajuil (*Anacardium occidentale L.*), se realizó, en el laboratorio de Química, de la Facultad de Ingeniería, de la Universidad Rafael Urdaneta, apoyada en un diseño experimental de una sola vía. De tal manera, se estudia un factor en cada experimento. En este caso, el factor de interés fue el tratamiento recibido por separado, de tal forma que las experiencias fueron independientes.

El método experimental trata de determinar la presencia de una causa y un efecto definidos. Esto implica que una vez que se usa este método puede emitirse un juicio cerca de que, si A causa de que B suceda, o A no causa que B suceda. El diseño experimental se refiere a un vasto campo de la estadística aplicada para recoger y analizar datos cuya intención es aumentar al máximo la cantidad y mejorar la exactitud de la información proporcionada por un determinado experimento [12].

3.3. Técnicas para la recolección de los datos.

"Se entenderá por técnica de investigación, el procedimiento o forma particular de obtener datos o información." (Arias, 2006 [42]) por medio de estas se recopilan los datos que se producen durante el desarrollo de la investigación. Se debe aclarar que estas técnicas se caracterizan por ser amplias, flexibles, distanciadas de la rigidez, abiertas a las modificaciones o cambios. La técnica de recolección de datos empleada en el presente estudio fue la observación directa, la cual según Tamayo (1998) [49], "consiste en obtener los datos directamente de la realidad a través del contacto directo del investigador con el fenómeno a estudiar". Para las experiencias realizadas con mango (*Magnifera indica*) y cajuil (*Anacardium occidentale L.*), los observadores, participaron, interactuaron con la muestra en estudio. Hernández et al. (2014) [50], dicen que consiste en el registro sistemático, válido y confiable de comportamientos o conductas manifiestas, pudiéndose utilizar como instrumento de medición.

La observación es directa cuando el investigador se pone en   contacto personalmente el hecho o fenómeno a investigar. Por otro lado, Arias (2006) {42] define "la observación directa es una técnica que consiste en visualizar o captar mediante la vista, en forma sistemática, cualquier hecho, fenómeno o situación que se produzca en la naturaleza o en la sociedad, en función de unos objetivos de investigación preestablecido".

Generalmente la observación recogida es cuantificable. Por el contrario, la observación ocasional, no sistemática o no controlada, no obedece a ninguna regla [50]. Para esta investigación fue utilizada la observación directa, ya que fueron observados los valores resultantes de los distintos ensayos a realizar para la determinación de las características fisicoquímicas y titulaciones.

3.4. Instrumentos de recolección de información.

Un instrumento de recolección de información es aquel que registra datos observables que representan los conceptos o variables que el investigador tiene en mente [50]. En este caso se utilizaron tablas para la recolección de datos resultantes en los experimentos realizados en las diferentes fases de investigación. En la presente investigación se emplearon tablas de registro de información a partir de la recolección de datos, según las variables a utilizar, con el fin de cumplir con los objetivos debidamente establecidos.

En la Tabla 3.1 se detallan los valores del volumen del titulador (NaOH) gastados en la titulación, realizando la prueba 3 veces a través del método de análisis volumétrico y los resultados de los cálculos efectuados para determinar la concentración de ácido cítrico y ácido ascórbico presente en el jugo de mango.

Tabla 3.1. Evaluación de la concentración de ácido cítrico y ácido ascórbico extraído del mango.

Compuesto	Volumen de NaOH gastado en la titulación (ml) (Ácido cítrico)	Concentración del ácido cítrico) (g/L)	Volumen de NaOH gastado en la titulación (ml) (Ácido ascórbico)	Concentración del ácido ascórbico (g/L)
Muestra 1				
Muestra 2				
Muestra 3				

En la Tabla 3.2 se detallan los valores del volumen del titulador (NaOH) gastados en la titulación, realizando la prueba 3 veces a través del método de análisis volumétrico y los resultados de los cálculos efectuados para determinar la concentración de ácido ascórbico presente en el jugo de cajuil.

Tabla 3.2. Evaluación de la concentración de ácido cítrico y del ascórbico extraído del cajuil.

Compuesto	Volumen de NaOH gastado en la titulación (ml) (Ácido cítrico	Concentración del ácido cítrico extraído del cajuil (g/L)	Volumen de NaOH gastado en la titulación (ml) (Ácido ascórbico)	Concentración del ascórbico extraído del cajuil (g/L)
Muestra 1				
Muestra 2				
Muestra 3				

En la Tabla 3.3 se señala el resultado final de la concentración de ácido cítrico y ácido ascórbico extraído del jugo de mango y de jugo de cajuil, obtenido por medio de un cálculo de promedio (media aritmética) con los resultados de concentración (g/L) reportados en la Tabla 3.1 y en la Tabla 3.2.

Tabla 3.3. Promedio de concentración de ácido cítrico extraído del mango y el cajuil.

Compuesto	Concentración del mango (g/L)	Concentración del cajuil (g/L)
Ácido cítrico		
Ácido ascórbico		

En la Tabla 3.4 se los reseñan los valores obtenidos de pH y de °Brix, obtenidos del extracto del mango y del cajuil.

Tabla 3.4. Parámetros fisicoquímicos del jugo de mango y del jugo del cajuil.

Parámetros fisicoquímicos	Valor obtenido del jugo de mango	Valor obtenido del jugo de caujil
pH		
°Brix		

En la Tabla 3.5 se reseñan los valores obtenidos de humedad, cenizas y grasa de la composición proximal de las pulpas de mango y del caujil.

Tabla 3.5. Parámetros fisicoquímicos de la composición proximal de las pulpas de mango y del caujil.

Parámetros fisicoquímicos	Valor obtenido de la pulpa del mango	Valor obtenido de la pulpa del cajuil
Humedad		
Cenizas		
Grasas		

En la Tabla 3.6 se especifican los valores de rendimiento obtenido en este estudio con el extracto de mango y cajuil, en comparación con los encontrados en publicaciones anteriores para extractos de limón, naranja y piña, para realizar una comparación entre ellas.

Tabla 3.6. Concentración de los extractos de limón, naranja, piña, cajuil y mango.

Extracto	Concentración (g/L)
Limón	
Naranja	
Piña	
Cajuil	
Mango	

3.5. Unidad de análisis.

Las unidades de análisis son aquellas unidades de observación que, seleccionadas de antemano, y reconocidas por los observadores en el campo y durante el tiempo de observación, se constituyen en objeto de la codificación y/o de la categorización en los registros construidos a tal efecto. La unidad de análisis es una definición abstracta, que denomina el tipo de objeto social al que se refieren las propiedades. Esta unidad se localiza en el tiempo y en el espacio, definiendo la población de referencia de la investigación.

Para la investigación se colectaron 10 pseudofrutos de cajuil (*Anacardium occidentale L.*) tipo criollo (color amarillo) y 10 muestras de mango (*Mangifera indica*) en estado de maduración (amarillos). Las muestras se colectaron en estado de madurez, las unidades se empacaron en bolsas plásticas y se trasladaron al Laboratorio de Química, de la Universidad Rafael Urdaneta, donde fueron lavadas con agua potable y secadas para luego proceder con la parte experimental. El jugo de los frutos se obtuvo mediante un extractor de jugos marca Oster® modelo FPSTJE316W y luego se filtró inmediatamente. El volumen del jugo se midió con un cilindro graduado de 200 mL. Se analizaron los siguientes parámetros fisicoquímicos en las muestras de los jugos (preparadas con 40% de fruto y 60% de agua destilada): pH y °Brix (contenido de sólidos solubles totales. Además, se analizaron los parámetros de la composición proximal siguientes, de los frutos mango y caujil: contenido de humedad (%), contenido de cenizas (%) y contenido de grasas (%).

3.6. Fases de la investigación.

Para cumplir con el proceso de investigación, se siguieron cuatro fases y se establecieron los procedimientos indicados para la obtención de los datos. Estas fases fueron las siguientes:

3.6.1. Fase I: Caracterización fisicoquímica del jugo de mango y del jugo de cajuil y la composición proximal de las pulpas de mango y caujil.

En primera instancia se realizó la determinación de parámetros como el pH y °Brix (contenido de sólidos solubles totales) por triplicado:

3.6.1.1 Determinación del pH del jugo de mango y del jugo de cajuil.

Se sumergieron los electrodos del pH metro, marca OAKTON®, modelo PH 50 Series, en un vaso precipitado que contenía agua destilada, utilizando el método de la Comisión Venezolana de Normas Industriales. COVENIN 1315-79 [52]. Posteriormente se conectó el aparato y se llevó el control a posición natural, esperando que se caliente por 5 minutos.

Transcurridos los 5 minutos, fueron retirados los electrodos del agua destilada y se secaron con una toalla de papel fino. Del mismo modo, se procedió a cambiar la solución de agua destilada y se colocó el envase que contenía la solución patrón de pH más cercano al pH de la muestra. Se volvieron a sumergir los electrodos en la solución patrón. Seguidamente, se devolvió el control de la posición neutral, se retiraron los electrodos nuevamente de la solución patrón para finalmente lavar con agua destilada y secar con una toalla de papel fino.

Se verificaron las temperaturas (°C) de las muestras que se midieron. Se sumergieron los electrodos en las muestras y se leyeron los valores de pH de las mismas. Posteriormente se regresó el control de la posición neutral, se sacaron los electrodos para posteriormente lavarlos con agua destilada y se secaron nuevamente con una toalla de papel fino. Luego, se realizó un reporte de la temperatura que fue obtenida en el pH metro. En la determinación del valor de pH de las muestras se utilizó un volumen de 150 mL, en un vaso precipitado de 300 mL, se realizó con una tolerancia de 0,01 a 0,09 unidades, como lo sugiere Rosales (2010) [10]. La determinación del valor de pH se hizo por triplicado.

3.6.1.2. Determinación de los grados Brix del jugo de mango y jugo de cajuil.

Para la determinación de los grados °Brix del jugo de mango y jugo de cajuil, el producto se agitó   para asegurar una homogeneidad en las muestras, y luego se filtraron a través de un algodón absorbente, según la norma Comisión Venezolana de Normas Industriales. COVENIN 924-83 [53]. Se continuó la circulación de agua a través de la camisa del medidor refractómetro marca

AICHOSE®, modelo SR-0028BE, durante un tiempo suficiente para que la temperatura de los prismas y de la muestra se tornaran iguales y constantes al efectuar la lectura.

Luego se realizaron los siguientes parámetros de la composición proximal de los frutos mango y caujil por triplicado:

El producto se agitó para asegurar una homogeneidad en las muestras, y luego se filtraron a través de un algodón absorbente, según la norma Comisión Venezolana de Normas Industriales. COVENIN 924-83 [53]. Se hizo circular agua a una temperatura constante en °C, a través de la camisa del refractómetro marca AICHOSE®, modelo SR-0028BE, para conseguir que el aparato adquiriese dicha temperatura. Luego con una varilla de vidrio, se colocó una porción de la muestra previamente preparada en el refractómetro. Se continuó la circulación de agua a través de la camisa del aparato durante un tiempo suficiente para que la temperatura de los prismas y de la muestra se tornaran iguales y constantes al efectuar la lectura. Ahora bien, los sólidos solubles se pueden expresar en grados °Brix o en porcentaje de masa de sólidos solubles, a través de la Ecuación 3.1, se puede realizar el cálculo de la siguiente forma:

$$Ss = \frac{m.s}{15} \quad \text{(Ecuación 3.1)}$$

Dónde:

Ss= Contenido de sólidos solubles en el producto, en porcentajes de masa.
m= Masa de los 100 mL de muestra preparada en gramos.
S= Contenido de sólidos solubles en la muestra preparada encontrados por medio de la lectura del refractómetro, una vez corregido para temperaturas y acidez.

Nota: El número 15 proviene de la cantidad de muestra en gramos que están en los 100 mL de la solución.

Luego se realizaron los siguientes parámetros de la composición proximal de los frutos mango y caujil por triplicado.

3.6.1.3. Determinación de humedad.

Las muestras obtenidas de 5 a 10 gramos de frutos fueron secadas y pesadas previamente. Se colocaron en cápsulas limpias y luego se llevaron en la estufa (marca MEMMERT®, modelo Universal Ufe-550), a una temperatura de 103 °C por 2 horas, siguiendo lo descrito por la norma Comisión Venezolana de Normas Industriales. COVENIN 1156-79 [54]. Las muestras se retiraron y se dejaron enfriar a temperatura ambiente en el desecador para luego proceder a tomar su peso. Del mismo modo, culminado la primera fase, se colocaron nuevamente en la estufa por 30 minutos, se dejaron enfriar y pasado el tiempo y se pesaron nuevamente hasta obtener un peso constante.

Para la expresión relacionada a la humedad se usó la Ecuación 3.2, descrita a continuación:

$$Humedad\ \% = (H_1 - H_2).\frac{100}{H_1 - H_0} \qquad \text{(Ecuación 3.2)}$$

Dónde:

H_0 = Peso de la muestra vacía, en gramos
H_1 = Peso de la capsula conteniendo la muestra, antes de desecarla, en gramos
H_2 = Peso de la capsula y la muestra, después de desecarla, en gramos.

3.6.1.4. Determinación de cenizas.

Se calentó previamente el horno (marca Thermolyne®, modelo Thermo Scientific - FB1410M) y se introdujeron los crisoles lavados por 20 minutos, se retiraron y se dejaron enfriar en el desecador a temperatura ambiente, para posteriormente pesar en los crisoles de 2 a 6 gramos de las muestras, siguiendo lo descrito por la norma Comisión Venezolana de Normas Industriales. COVENIN 1155-79 [55]. Estos fueron colocados en contacto directo con el mechero hasta lograr la combustión completa del material. Finalmente se colocaron los crisoles en el horno a aproximadamente 550 y 600° por 2 horas. La expresión utilizada para obtener el porcentaje de cenizas es por la Ecuación 3.3:

$$\% \; Cenizas = \frac{(C_2 - C_0).100}{C_1 - C_0} \qquad \text{(Ecuación 3.3)}$$

Dónde:

C_0= Peso del crisol vacío, se mide en gramos

C_1= Peso del crisol conteniendo la muestra de ensayo, se mide en gramos

C_2= Peso del crisol y cenizas, se mide en gramos.

3.6.1.5. Determinación de grasas.

Método de extracción por Soxhlet

Las grasas fueron determinadas a través del método de extracción por Soxhlet (marca Laboy Glass, aparato de extracción con 45/50 y 24/40) siguiendo lo descrito por la norma Comisión Venezolana de Normas Industriales. COVENIN 1219-2000 [56].

Materiales y equipos que fueron utilizados: Jugo de mango y jugo de cajuil, Éter de petróleo, 150 ml, Papel filtro cuantitativo, Tubos de condensado 45/50, Balón de tres entradas, de 250 ml, Tapones de vidrio, Equipo de extracción de Soxhlet 45/50 y 24/40, Mantas de calentamiento, Mangueras de goma para reflujo y Termómetro y perlas de vidrio.

La extracción Soxhlet se vio fundamentada en las siguientes etapas:

Etapa 1:

Primeramente, se colocó el éter de petróleo (solvente) en los balones con las perlas, para el calentamiento a 60 - 80 °C (temperatura de ebullición del solvente). El condensado cayó sobre el recipiente que contenía un cartucho con la muestra (10 gramos de las pulpas de los frutos (mango y caujil) en su interior, este ascendió su nivel cubriendo el cartucho hasta el punto donde se produce el reflujo que devuelve el solvente con el material extraído del balón. Este proceso se produce por 6 horas establecido para el mejor rendimiento de la muestra, según lo propone Rosales (2010)[10]. Lo extraído se fue concentrando en el balón del solvente.

El equipo utilizado para este procedimiento es un extractor de grasa (marca LABCONCO®, modelo 3000500100) en el que se colocó la muestra que fue extraída de los equipos Soxhlet, por 15 minutos cada muestra a 40 °C. Este equipo permitió la evaporación del éter de petróleo (solvente) y la obtención de las grasas.

Etapa 2:

El equipo utilizado para este procedimiento es el rota vapor, en el se colocó la muestra que fue extraída de los equipos Soxhlet, por 15 minutos cada muestra a 40 °C. Este equipo permitió la evaporación del éter de petróleo (solvente) y la obtención de los análisis.

Para el cálculo de este valor fue utilizada la Ecuación 3.4:

$$\% \ Grasa \ cruda = \frac{(G_2 - G_1).100}{G_0}$$
(Ecuación. 3.4)

Dónde:

G_0= Masa de la muestra inicial

G_1= Masa del frasco y su contenido posterior a la extracción, medida en gramos

G_2= Masa del frasco antes de la extracción, medida en gramos.

3.6.2. Fase II. Comprobación de la eficiencia del método experimental por titulación para la identificación del ácido cítrico y del ácido ascórbico en el mango y cajuil.

En esta fase se procedió a seleccionar la metodología más eficiente para llevar a cabo la determinación del ácido cítrico presente en el jugo de las frutas seleccionadas para la investigación: mango y cajuil. Los factores que se tomaron en cuenta para la selección del método idóneo considerando diversos aspectos fueron:

•**Tiempo:** La selección de la metodología se basó en el tiempo disponible para llevar a cabo la investigación.

•**Equipos:** Se tomó en cuenta los equipos disponibles en el laboratorio de química de la Universidad Rafael Urdaneta para la selección de la metodología.

•**Reactivos:** Se analizó la metodología que principalmente requiriera la menor cantidad de reactivos posibles y que dichos reactivos estuvieran a disposición en el laboratorio de la universidad, además que tuvieran un bajo grado de peligrosidad y que no solicitaran un permiso para su obtención y manipulación.

•**Costos:** Se consideró factible la metodología cuyos costos fueran accesibles.
Finalmente, habiendo realizado los respectivos análisis se determinó la factibilidad si era posible implementar dicho método para la determinación de ácido cítrico y ácido ascórbico en el jugo de frutas como el mango y el cajuil. Se comparó con investigaciones previas y se concluyó si era aplicable la teoría

establecida por autores previos en esta investigación, como es el caso de Maldonado y Liñan (2014) [15].

3.6.3. Fase III. Determinación del rendimiento del ácido cítrico y ácido ascórbico presentes en el jugo de mango y en el jugo de cajuil.

En la tercera fase de la investigación se realizaron los experimentos en el laboratorio para la obtención del rendimiento de ácido cítrico presente en el jugo de mango y cajuil respectivamente. Dicho análisis se consideró pertinente debido a que para una posterior producción de dichos ácidos es necesario conocer la cantidad de producto que se puede obtener a partir de una reacción completa a distintos volúmenes [57].

Para el ácido cítrico:

Materiales utilizados: Vasos de precipitación, 100 mL, bureta, probeta, matraz de erlenmeyer, 100 mL, pipeta, mechero, espátula y agitador.

Reactivos utilizados: hidróxido de sodio 0.1 N, fenolftaleína al 1% y jugo de mango y cajuil

Procedimiento: Se llenó la bureta con el hidróxido de sodio 0.1 N, posteriormente se tomaron 2 mL muestra y 18mL de agua destilada en un erlenmeyer de 100 mL y se agregaron 5 gotas de fenolftaleína. Mediante agitación continua se tituló con el hidróxido de sodio 0.1 N hasta la aparición de un color rosado. Se anotó el volumen consumido y se comparó con los resultados obtenidos en investigaciones previas. Este proceso se realizó 3 veces por muestra.

Para ácido ascórbico:

Materiales utilizados: vasos de precipitado, 250 mL, balanza, bureta, probeta, matraz de erlenmeyer, 250 mL, pipeta, mechero, espátula y agitador.

Reactivos utilizados: ácido clorhídrico 1 M, yodo al 1%, indicador de almidón al 1%, agua destilada y los jugos de mango y de cajuil.

Procedimiento: En un matraz Erlenmeyer se colocaron 10 ml de zumo, 15 ml de agua destilada, 5 gotas de ácido clorhídrico (puesto este funciona como catalizador) y 10 gotas de almidón al 1%. Posteriormente se llenó la bureta con 15 ml de solución yódica. Se tituló lentamente y mientras se mantenía la agitación de la solución en el Erlenmeyer, hasta que la solución se tornó de un color azul. Finalmente se calculó el volumen total de la solución yódica gastado para lograr la reacción que mostró la presencia del ácido ascórbico. Este procedimiento se realizó 3 veces por muestra.

3.6.4. Fase IV. Comparación de la composición del ácido cítrico y del ácido ascórbico entre el mango y cajuil.

En este apartado, se procedió a comparar la concentración tanto de ácido cítrico como de ácido ascórbico obtenidos en el jugo de mango y en el jugo de cajuil, respectivamente, con respecto a la concentración de dichos ácidos en el jugo de limón, naranja y piña, mediante una Tabla comparativa y un gráfico de barras para una mejor observación y un entendimiento más concreto.

3.7. Fase V. Productos de mango con alta concentración de ácido cítrico y ácido ascórbico.

Un producto de mango con alta concentración de ácido cítrico y ácido ascórbico sería un producto que combina las propiedades del mango con las características ácidas de estos dos compuestos. El ácido cítrico, que se encuentra naturalmente en los cítricos, y el ácido ascórbico (vitamina C), también presente en el mango, se usarían para potenciar el sabor ácido y el valor nutricional del producto.

1. Jugo de mango ácido: Un jugo de mango que se haya modificado para aumentar su acidez mediante la adición de ácido cítrico y ácido ascórbico. Este producto podría tener un sabor más fresco y ácido, ideal para quienes disfrutan de bebidas más ácidas o para la industria de refrescos.

2. Pulpa de mango concentrada: La pulpa de mango podría ser procesada para concentrar tanto el sabor como los compuestos ácidos. Se podría añadir ácido cítrico para aumentar la acidez y vitamina C para mejorar sus propiedades antioxidantes.

3. Galletas o dulces de mango: Productos de confitería como galletas o caramelos que incorporen mango junto con una cantidad elevada de ácido cítrico para un toque ácido y vitamina C como un refuerzo nutricional.

4. Suplementos de mango: Cápsulas o tabletas que contienen polvo de mango concentrado, ácido cítrico y ácido ascórbico para aquellos que busquen un suplemento antioxidante y ácido.

Estos productos son populares no solo por su sabor, sino también por los beneficios nutricionales que brindan, especialmente en términos de vitamina C (ácido ascórbico), que es importante para el sistema inmunológico, y el ácido cítrico, que se utiliza en la industria alimentaria como conservante y para mejorar el sabor.

3.8. Fase VI. Productos de caujil con alta concentración de ácido cítrico y ácido ascórbico.

Un producto de caujil con alta concentración de ácido cítrico y ácido ascórbico sería un producto alimenticio funcional o suplemento nutricional que combina las propiedades nutricionales y antioxidantes del caujil con los beneficios de estos dos compuestos bioactivos. Este tipo de producto podría tener aplicaciones tanto en la industria alimentaria como en la suplementación dietética.

1. Caujiles enriquecidos con ácido cítrico y ácido ascórbico: El objetivo es producir un snack saludable y funcional que no solo aporte los beneficios nutricionales de los caujiles (ricos en grasas saludables, proteínas, minerales como el magnesio y el zinc), sino también las propiedades antioxidantes y de refuerzo del sistema inmunológico del ácido ascórbico (vitamina C) y las características ácidas del ácido cítrico para mejorar el sabor y la conservación del producto.

2. Pulpa de caujil concentrada: es un producto derivado del caujil que se obtiene al procesar la parte comestible del fruto del caujil (anarcado o cajú), que es la parte carnosa que rodea la nuez del caujil. Esta pulpa concentrada tiene una gran demanda debido a su versatilidad en la industria alimentaria y de bebidas, especialmente en la elaboración de productos que buscan aprovechar sus beneficios nutricionales y sabor dulce-acidulado.

CAPÍTULO IV: RESULTADOS Y DISCUSIÓN

Para la consolidación de ello se emprendió, el tipo y diseño de la investigación, técnicas e instrumentos de recolección de datos y fases de la investigación. Se realizaron análisis estadísticos de medias y desviaciones estándar para todas las determinaciones de parámetros fisicoquímicos de los jugos y las composiciones proximal de las pulpas de los frutos. Además, para las titulaciones y para las concentraciones del ácido cítrico y ácido ascórbico.

4.1. Caracterización fisicoquímica del jugo de cajuil y mango.

A continuación, se muestran los parámetros fisicoquímicos de la muestra de jugo de mango y de cajuil.

Tabla 4.1 Parámetros fisicoquímicos del jugo del cajuil y del mango y la composición proximal de las pulpas de mango y caujil

Tipo de análisis	Jugo del cajuil Valor ($\mu\pm\sigma$)*	Jugo del mango Valor ($\mu\pm\sigma$)*	Valor de referencia (máximo-aceptable)	Método empleado
pH	4,75± 0,11	4,52± 0,06	4,5	Covenin 1315-79
Sólidos solubles totales (°Brix)	2,5± 0,07	4,5± 0,04	13,5 (mango) 3,54 (cajuil)	Covenin 924-83

*Valores de la forma $\mu\pm\sigma$, donde μ representa la media y σ la desviación estándar

Tabla 4.2. Parámetros fisicoquímicos de la composición proximal de las pulpas del mango y del caujil.

Tipo de análisis	Jugo de cajuil Valor $(\mu\pm\sigma)$*	Jugo de mango Valor $(\mu\pm\sigma)$*	Valor de referencia (máximo-aceptable)	Método empleado
Humedad (%)	$96,18 \pm 0,47$	$94,94 \pm 0,54$	68-82% (mango) 84-89% (cajuil)	Covenin 1156-79
Cenizas (%)	$0,04\pm 0,16$	$0,15\pm 0,09$	0,4-0,5 (mango) 0,19-0,34 (cajuil)	Covenin 1155-79
Grasas (%)	$0,34\pm 0,01$	$0,49\pm 0,03$	0,4 (mango) 0,005-0,5 (cajuil)	Covenin 1219-2000

*Valores de la forma $\mu\pm\sigma$, donde μ representa la media y σ la desviación estándar

En la Tabla 4.1 se observa que los valores obtenidos tanto para pH como para °Brix se encuentran fuera del rango establecido por lo reportado por otros autores [31, 32,33, 36, 37]. El parámetro fisicoquímico, sólidos solubles totales, se asocian al grado de madurez de las frutas, aunque su uso principal es como índice de calidad organoléptica, y dichos sólidos están constituidos, principalmente, por azúcares simples, sales, ácidos, y otros compuestos solubles en agua, siendo los azúcares sacarosa, glucosa y fructosa, y algunos ácidos orgánicos, los compuestos de mayor abundancia, para este tipo de materias primas, como lo son la fruta mango y el pseudofruto caujil [34].

Demostrando de esta manera que la concentración de azúcares viene ligada a varios parámetros como la madurez de la fruta, variedad, nutrientes, tiempo de cosecha, entre otros, al igual que la dilución y la acidez propia de las frutas.

Del mismo modo, la Tabla 4.2 muestra el contenido de humedad elevado indica la jugosidad en la pulpa del fruto. El contenido de cenizas se encuentra por debajo de los valores referenciados por otros autores [36, 38], 39, 40] que presentan datos en pulpa de fruta, lo que es de esperarse, debido al hecho de que lo analizado en este trabajo es una dilución, es decir, el jugo de la fruta. Las cenizas son indicadores del contenido total de minerales, que cumplen las funciones metabólicas importantes en el organismo, es necesario destacar que diversos factores influyen en la composición nutricional de las frutas, como nutrientes en planta, sistema de desinfección en plantas, estado de madurez, variedad de la fruta, entre otros [31].

Finalmente, el contenido de grasas obtenido en el jugo de mango fue ligeramente superior a lo reportado por otros autores, mientras que, el contenido de grasa detectado en el jugo de cajuil coincide con los valores presentados en la literatura [32, 33]. La obtención de grasa comestible a partir de frutas, específicamente del mango y cajuil, constituyen una alternativa viable para la elaboración de alimentos funcionales [31].

4.2. Comprobación de la eficiencia del método experimental por titulación para la identificación del ácido cítrico y el ácido ascórbico en el mango y en el cajuil.

Habiendo implementado el método seleccionado usando criterios para evaluar, se presenta en la siguiente Tabla 4.3.

Tabla 4.3. Parámetros del método experimental por titulación

Método	Tiempo	Equipos	Reactivos	Costos
Titulación	Si	Si	Si	Si

El método de análisis volumétrico cumplió con los factores establecidos para su ejecución, lo que quiere decir que se adapta a las condiciones. Del mismo modo, no existía suficiente información cuando se trataba del ácido ascórbico y este método volumétrico, por lo tanto, se tuvo un nuevo aporte para futuras investigaciones.

Utilizando una bureta calibrada para añadir los valorantes (solución yódica e hidróxido de sodio) fue posible determinar la cantidad exacta que se consumió cuando se alcanzó el punto final para las diluciones de jugo de mango y cajuil, encontrando así un punto final a través del uso de los indicadores de fenolftaleína, almidón al 1% y ácido clorhídrico [57].

4.3. Determinación del rendimiento de ácido cítrico y ácido ascórbico presente en el jugo de cajuil y mango.

Para la consolidación de esta etapa, se llevó a cabo un procedimiento de titulación volumétrica del jugo de mango y del jugo de cajuil respectivamente.

Titulación volumétrica del ácido cítrico

Para la titulación volumétrica del zumo de mango y pseudofruto de caujil, en un matraz de 100 mL se preparó una muestra que contenía 10 mL de zumo natural, 90 mL de agua destilada y 5 gotas de indicador de fenolftaleína. Se llenó una bureta de 50 mL de la solución estandarizada de NaOH (hidróxido de sodio) 0.1 N y se ubicó la bureta en un soporte universal. Manteniendo la muestra en agitación con la asistencia de una plancha agitadora y un agitador magnético, se tituló rápidamente la muestra hasta observar en la misma un cambio de color a rosa pálido que perdure por al menos 30 segundos, este ensayo fue repetido tres veces por cada una de las muestras analizadas.

Se midió la concentración del ácido cítrico por la Ecuación 4.1, siguiendo lo descrito por la norma Comisión Venezolana de Normas Industriales. COVENIN 1151-77 [57]:

$$Concentración\ del\ ácido\ cítrico\ \left(\tfrac{g}{L}\right) = 10.V1.N.me/V$$

(Ecuación 4.1)

Donde:

V1: Volumen de la solución de Hidróxido de Sodio empleado en la titulación, en mililitros.

N: Normalidad de la solución de Hidróxido de Sodio (0.1 N).

me: Peso miliequivalente del ácido cítrico.

V: Volumen de la muestra en mililitros.

Titulación volumétrica para la determinación de ácido ascórbico

En un matraz Erlenmeyer se colocaron 10 mL de zumo, 15 mL de agua destilada, 5 gotas de ácido clorhídrico (1 M) (como catalizador) y 10 gotas de almidón al 1%. Posteriormente, se llenó la bureta con 15 mL de solución yódica (1 %). Se tituló lentamente mientras se mantenía la agitación de la solución en el Erlenmeyer, hasta que la solución se tornó de un color azul. Finalmente, se calculó el volumen total de la solución yódica gastado para lograr la reacción que mostró la presencia del ácido ascórbico. Este procedimiento se realizó por triplicado. La concentración de ácido ascórbico se calculó con la Ecuación 4.2, según lo indicado por los investigadores Fang [9], Campos [29] y Harris [30]:

$$Concentración\ del\ ácido\ ascórbico\ \left(\tfrac{g}{L}\right) = V.\left(\tfrac{Cpatrón}{Vpatrón}\right) \quad \text{(Ecuación 4.2)}$$

Donde:

V: volumen gastado de la solución yódica para la muestra.

Cpatrón: Concentración del patrón del ácido ascórbico (0.25 g/L).

Vpatrón: Volumen gastado de la solución yódica para la solución patrón de ácido ascórbico (6.8 mL).

La determinación de las concentraciones del ácido cítrico y el ácido ascórbico en el jugo del cajuil y del mango se basó en la norma Comisión Venezolana de Normas Industriales. COVENIN 1151-77 [57] para la determinación de ácidos en frutas y en sus productos derivados. La Tabla 4.4 muestra que el volumen de NaOH consumido por el cajuil se mantiene constante en 0,4 ml, mientras que el del mango se mantiene constante en 0,1 mL. Por tanto, calculando la concentración para cada una de las pruebas realizadas se obtuvieron valores entre 19,72 g/L-20 g/L de ácido cítrico para el cajuil y 37,92 g/L-38,30 g/L para el mango. Además, se presentan en la Tabla 4.5 los valores promedios (μ) y de la desviación estándar (σ) de la concentración de ácido cítrico presente en el jugo del cajuil y en el jugo del mango.

Tabla 4.4. Concentración del ácido cítrico presente en el cajuil y en el mango para las diferentes muestras de los jugos.

Muestras	Volumen de NaOH gastado en la titulación (mL)	Concentración en el cajuil (g/L)	Volumen de NaOH gastado en la titulación (mL)	Concentración en el mango (g/L)
Muestra 1	0,40	20	0,10	38,30
Muestra 2	0,40	19,96	0,10	38,11
Muestra 3	0,40	19,72	0,10	37,92

Tabla 4.5. Concentración del ácido cítrico extraído del cajuil y del mango.

Jugos de los frutos del caujil y del mango	Concentración (g/L) Valor ($\mu\pm\sigma$)*
Cajuil	$19,89 \pm 0,14$
Mango	$38,11 \pm 0,19$

* Valores de la forma $\mu\pm\sigma$, donde μ representa los valores promedios y σ la desviación estándar

Tabla 4.6 Concentración de ácido ascórbico presente en el cajuil y mango para diferentes muestras

Muestras	Volumen de yodo al 1% gastado en la titulación (mL)	Concentración en el cajuil (g/L)	Volumen de yodo al 1% gastado en la titulación (mL)	Concentración en el mango (g/L)
Muestra 1	2,6	13,02	0,8	13,37
Muestra 2	2,5	8,53	0,8	11,96
Muestra 3	2,3	4,31	0,8	10,56

La Tabla 4.6 detalla los volúmenes de yodo al 1% gastados en cada una de las titulaciones realizadas, donde se muestra que el volumen gastado no se mantiene constante, sino en un rango entre 2,6 mL-2,3 mL de yodo 1 % para el cajuil. Sin embargo, para el mango se observó que el volumen gastado se mantuvo en un mismo patrón de 0,8 mL de yodo al 1 %.

En la Tabla 4.7 se muestran las concentraciones de los valores promedios (μ) y de la desviación estándar (σ) de ácido ascórbico en las muestras de los jugos analizados, siendo mayor en el jugo de mango que en el de cajuil.

Tabla 4.7. Concentración de ácido ascórbico extraído del cajuil y el mango

Jugos de los frutos del caujil y mango	Concentración (g/L) Valor ($\mu\pm\sigma$)
Cajuil	$8,62 \pm 4,35$
Mango	$11,96 \pm 1,40$

4.4. Comparación de la composición de ácido cítrico y ácido ascórbico en el cajuil y el mango.

La Tabla 4.8 exhibe los resultados que fueron obtenidos en la determinación de la concentración de ácido cítrico y ácido ascórbico, presentes en el cajuil y el mango, al igual que los valores reportados en otros trabajos de investigación con otros frutos cítricos como: limón, naranja, piña y semeruco para el ácido cítrico, y el de naranja, mandarina, limón y Tampico (Jobito) para el ácido ascórbico [10, 15].

Tabla 4.8 Concentraciones de ácido cítrico de los extractos de frutos cítricos

Extracto	Concentración (g/L)
Limón	46,00
Naranja	8,80
Piña	5,90
Semeruco	0,67
Cajuil	19,89
Mango	38,11

A manera de observar la comparación de una forma más clara se procede a presentar el siguiente gráfico comparativo:

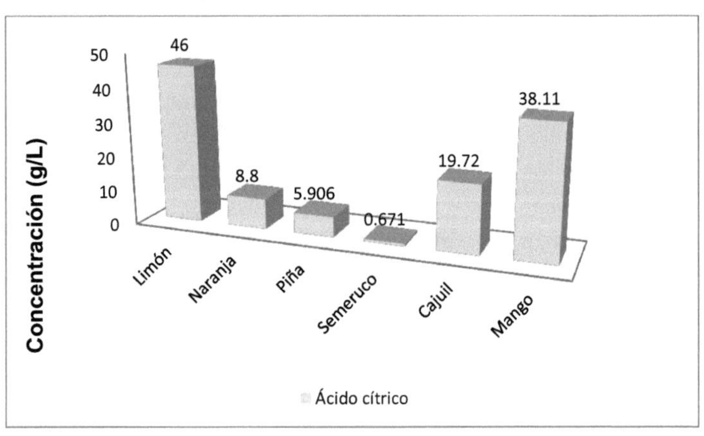

Figura 4.1. Comparación de las concentraciones del ácido cítrico de los jugos de limón, naranja, piña, semeruco, cajuil y mango

En la Figura 4.1 se puede apreciar la concentración de ácido cítrico extraído del limón, naranja, piña y semeruco con respecto a la concentración de ácido cítrico determinado en el cajuil y el mango, presentando una diferencia considerable entre todos. El jugo de limón presenta la mayor concentración de dicho ácido. Por otro lado, el estudio efectuado al jugo de piña demostró que la fruta presenta un índice más moderado de ácido cítrico, con un 5.906 g/L, concentración que se encuentra más cercana al jugo de naranja con un 8.8 g/L.

Por el contrario, la concentración de ácido cítrico presente en el extracto de semeruco con respecto a los anteriores es muy baja, reportando un valor de 0.671 g/L. En el caso del cajuil, la concentración de ácido cítrico fue de 19.89 g/L, posicionándose en el tercer lugar de acidez de los frutos mencionados. Mientras el mango arrojó una concentración de ácido cítrico de 38.11 g/L, demostrando que contiene una gran cantidad de ácido cítrico presente en él.

Habiendo dicho esto, el mango y el cajuil pueden ser utilizados como materia prima para la obtención artesanal de ácido cítrico. Cabe destacar que no se posee una normativa con el cual comparar los resultados obtenidos, puesto que no se han realizado este tipo de análisis en el extracto de mango ni de cajuil. Se puede ver en la Tabla 4.9.

Tabla 4.9. Concentraciones de ácido ascórbico en los extractos de frutos cítricos.

Extracto	Concentración (g/L)
Naranja	0,6512
Mandarina	0,239
Limón	0,57
Tampico	0,253
Cajuil	8,624
Mango	11,968

Con el fin de observar la comparación de una manera más clara se procede a presentar el siguiente gráfico comparativo:

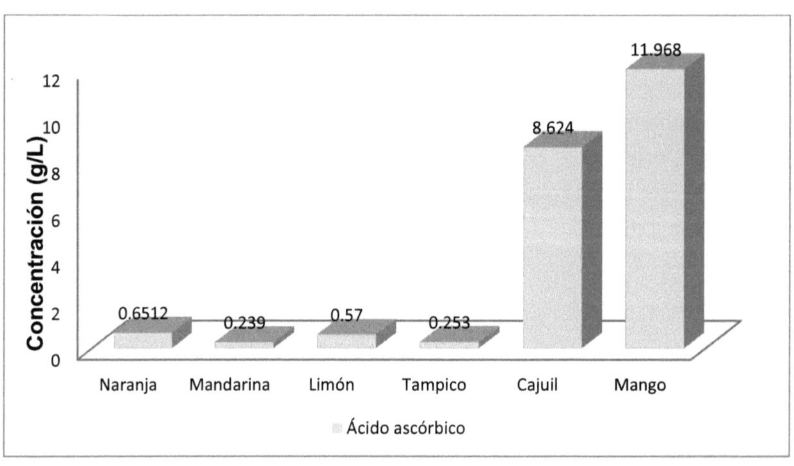

Figura 4.2. Comparación de las concentraciones del ácido ascórbico de los jugos de naranja, mandarina, limón, Tampico, cajuil y mango

La Figura 4.2 muestra la concentración de ácido ascórbico que se encuentra presente en los jugos de naranja, mandarina, limón, Tampico, cajuil y mango. En la cual se evidencia la diferencia existente entre las concentraciones, siendo la mandarina quien contiene menor concentración de vitamina C (ácido ascórbico) con 0.239 g/L, le sigue el Tampico con 0.253 g/L. Luego el limón con 0.57 g/L y la naranja con 0.6512 g/L.

Ahora bien, en cuanto a los jugos de cajuil y mango se obtuvieron resultados favorables, como lo fueron 8.624 g/L para el cajuil y 11.96 g/L para el mango, demostrando de esta manera que son posible materia prima para la producción de ácido ascórbico. Lo cual resulta una ventaja en la industria alimenticia venezolana, puesto con ello no tendría que seguir exportándose dicho ácido para el consumo.

4.5. Productos elaborados con mango con alta concentración de ácido cítrico y ácido ascórbico a nivel industrial.

1. Jugo de mango ácido.

Un jugo de mango que se haya modificado para aumentar su acidez mediante la adición de ácido cítrico y ácido ascórbico. Este producto podría tener un sabor más fresco y ácido, ideal para quienes disfrutan de bebidas más ácidas o para la industria de refrescos. El proceso de elaboración de un jugo de mango ácido con alta concentración de ácido cítrico y ácido ascórbico involucra varios pasos clave, desde la selección de la fruta hasta el envasado.

- Selección y preparación de los mangos:

➢ Selección de frutas: Se eligen mangos maduros, preferentemente de variedades que ya tengan una acidez natural moderada. El mango de variedad Haden, Kent o Tommy Atkins podría ser adecuado, ya que presentan un equilibrio entre dulzura y acidez.
➢ Lavado: Los mangos se lavan cuidadosamente para eliminar cualquier suciedad, pesticida o impurezas de la superficie de la fruta.

• Extracción del jugo de mango:

➢ Pelado: Los mangos se pelan para eliminar la cáscara, que no es comestible ni jugosa. Este paso también puede incluir la eliminación de la semilla, dependiendo de la maquinaria que se utilice.
➢ Trituración: La pulpa de mango se tritura para obtener un puré. Esto se puede hacer mediante un procesador de frutas o una máquina especializada en extracción de jugos.
➢ Filtrado: El puré se pasa por un filtro o una prensa para separar el jugo de los sólidos y obtener un jugo claro y libre de fibra gruesa.

• Ajuste de acidez:

➢ Adición de ácido cítrico: Para intensificar la acidez del jugo de mango, se añade ácido cítrico, que es el principal responsable de conferir una nota ácida pronunciada. La cantidad de ácido cítrico debe ser cuidadosamente controlada para evitar que el sabor sea excesivamente ácido. Generalmente, se añade en forma de polvo o solución.
➢ Adición de ácido ascórbico (vitamina C): El ácido ascórbico se añade no solo para dar un sabor ligeramente ácido, sino también para potenciar el valor nutricional del jugo. Este compuesto es un antioxidante natural y ayuda a mejorar la estabilidad del jugo.
➢ Dosis de ácido ascórbico: Se calcula la cantidad de vitamina C para lograr la concentración deseada, manteniendo el perfil de sabor equilibrado.

➤ Ajuste del pH: Se mide el pH del jugo para asegurarse de que la acidez sea la adecuada. El pH ideal para un jugo de mango ácido puede estar entre 3.5 y 4.5, dependiendo del sabor final deseado.

- Pasteurización:

➤ Calentamiento: Para garantizar la seguridad del producto y extender su vida útil, el jugo de mango se pasteuriza. Este proceso implica calentar el jugo a una temperatura de entre 85°C y 95°C durante un breve período (alrededor de 2-5 minutos). La pasteurización ayuda a destruir microorganismos patógenos sin afectar demasiado el sabor.

➤ Enfriamiento rápido: Después de la pasteurización, el jugo se enfría rápidamente para evitar la pérdida de nutrientes y evitar la proliferación de microorganismos.

- Ajuste de sabor y consistencia:

➤ Endulzado (opcional): Si el jugo necesita un balance entre la acidez y la dulzura, se puede añadir azúcar o edulcorantes. Esto es opcional, ya que algunos consumidores prefieren jugos más ácidos.

➤ Ajuste de textura: Si el jugo es demasiado espeso, se puede diluir con agua destilada o jugo adicional. El ajuste de consistencia se realiza según los estándares de la industria para asegurar una bebida de fácil consumo.

- Envasado:

➤ Envases: El jugo de mango se envasa en botellas o tetrabriks esterilizados, que permiten una larga vida útil. Las opciones incluyen botellas de vidrio, plástico o envases asépticos que mantienen el producto fresco por más tiempo.

➢ Etiquetado: El envase debe incluir información sobre el contenido de vitamina C, la acidez del jugo y las instrucciones de conservación. Si se ha añadido azúcar u otros ingredientes, debe indicarse en la etiqueta.

- Almacenamiento y distribución:

➢ Almacenamiento: El jugo de mango ácido debe almacenarse en condiciones de refrigeración si no se ha utilizado un proceso aséptico de envasado. De lo contrario, puede almacenarse a temperatura ambiente si el proceso de pasteurización ha sido adecuado.

➢ Distribución: Una vez envasado, el jugo se distribuye a los puntos de venta, garantizando que el transporte se realice a temperaturas que mantengan la calidad del producto.

Consideraciones importantes:

➢ Control de calidad: Durante todo el proceso, se debe hacer un control constante de calidad, verificando que la concentración de ácido cítrico y ácido ascórbico esté dentro de los parámetros establecidos, y que el sabor y la seguridad del producto sean óptimos.

➢ Durabilidad y seguridad alimentaria: El proceso de pasteurización es fundamental para evitar la proliferación de bacterias, lo que garantiza la seguridad del jugo y extiende su vida útil.

Beneficios y propiedades del jugo de mango ácido:

➢ Alto contenido de vitamina C: El jugo tiene una alta concentración de ácido ascórbico, lo que lo convierte en un excelente refuerzo para el sistema inmunológico.

➢ Propiedades antioxidantes: La vitamina C y el ácido cítrico tienen efectos antioxidantes que ayudan a proteger el cuerpo de los daños causados por los radicales libres.

Diagrama de flujo del proceso de elaboración del jugo de mango ácido en la Figura 4.3.

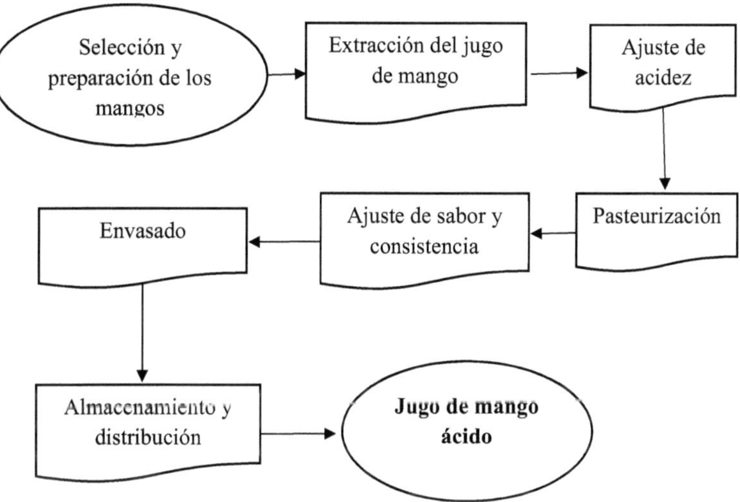

Figura 4.3. Diagrama de flujo del proceso de elaboración del jugo de mango ácido

2. Pulpa de mango concentrada.

La pulpa de mango podría ser procesada para concentrar tanto el sabor como los compuestos ácidos. Se podría añadir ácido cítrico para aumentar la acidez y vitamina C para mejorar sus propiedades antioxidantes.

El proceso de elaboración de pulpa de mango concentrada implica varios pasos clave para transformar el mango fresco en un producto con una mayor concentración de sabor y nutrientes, con el objetivo de facilitar su almacenamiento y transporte.

1. Selección y preparación de mangos:

   ➤ Selección de frutas: Se seleccionan mangos maduros y de buena calidad, preferentemente con un alto contenido de sólidos solubles (azúcares y ácidos) y buen sabor. Variedades como Tommy Atkins, Haden o Kent son populares para la producción de pulpa.
   ➤ Lavado: Las frutas se lavan a fondo para eliminar suciedad, pesticidas y otras impurezas superficiales.
   ➤ Inspección: Las frutas son inspeccionadas para asegurar que estén libres de defectos, como golpes, podredumbre o áreas no comestibles.

2. Desinfección y pelado:

   ➤ Desinfección: Las frutas se sumergen en una solución de agua con cloro o peróxido de hidrógeno para eliminar microorganismos patógenos y bacterias.
   ➤ Pelado: Se quita la cáscara del mango, lo que generalmente se realiza mediante máquinas peladoras mecánicas o a mano. Esta es una etapa crucial porque la cáscara puede afectar la textura y el sabor del producto final.
   ➤ Descarte de semillas: En algunos casos, se puede retirar la semilla del mango, aunque la pulpa concentrada generalmente se produce a partir de la pulpa que rodea la semilla.

3. Extracción de la pulpa:

   ➤ Trituración: Los mangos pelados y desinfectados se trituran para obtener una pasta o pulpa. Este proceso se realiza en máquinas trituradoras o procesadoras de frutas que convierten el mango en una masa homogénea.

> Filtrado (si es necesario): En algunas operaciones, la pulpa puede ser filtrada para eliminar los trozos más grandes o la fibra residual, dependiendo de la consistencia deseada para el producto final. Sin embargo, en la mayoría de los casos, se conserva parte de la fibra para mantener una textura más natural.

4. Concentración de la pulpa:

La concentración de la pulpa de mango se logra mediante el proceso de evaporación del agua contenida en la fruta. Esto se hace utilizando diferentes métodos, dependiendo de la tecnología disponible en la planta de procesamiento.

> Evaporación al vacío: La pulpa triturada se somete a evaporación al vacío en un evaporador, donde el agua se extrae a temperaturas más bajas, lo que ayuda a preservar los nutrientes y el sabor. En este proceso, se eliminan grandes cantidades de agua para reducir el volumen y concentrar los azúcares y los compuestos solubles en el mango.
> Proceso de concentración: Durante la concentración, la pulpa se puede calentar de manera controlada (a temperaturas de 60-70°C) para reducir el contenido de agua hasta obtener una pulpa concentrada, que puede tener entre un 25% y un 35% de sólidos solubles, dependiendo de los estándares requeridos.
> Control de viscosidad: Es importante monitorear la viscosidad de la pulpa concentrada para asegurarse de que tenga la consistencia adecuada para su posterior uso en productos como jugos, néctares o conservas.

5. Pasteurización:

➢ Calentamiento: Para garantizar la seguridad alimentaria y aumentar la vida útil, la pulpa concentrada se somete a pasteurización. El proceso de pasteurización consiste en calentar la pulpa a una temperatura entre 85°C y 95°C durante 2-5 minutos. Esto elimina microorganismos patógenos sin afectar en gran medida el sabor o las propiedades nutritivas de la pulpa.
➢ Enfriamiento rápido: Después de la pasteurización, la pulpa se enfría rápidamente para evitar la proliferación bacteriana y conservar su frescura.

6. Envasado:

➢ Envasado en contenedores adecuados: La pulpa concentrada de mango se envasa en distintos tipos de envases, como tarros de vidrio, bolsas plásticas o envases asépticos. Los envases deben ser herméticos para evitar la contaminación y prolongar la vida útil del producto.
➢ Envases asépticos: Para garantizar la máxima frescura y vida útil, muchas veces la pulpa concentrada se envasa en condiciones asépticas, lo que implica envasarla cn un ambiente estéril para evitar la proliferación de bacterias y otros microorganismos.
➢ Etiquetado: El envase debe incluir información sobre el contenido, como la concentración de mango, si se ha añadido algún conservante o aditivo, y las recomendaciones de almacenamiento.

7. Almacenaje y distribución:

➢ Almacenaje: La pulpa concentrada de mango debe almacenarse en condiciones controladas, generalmente en lugares frescos y oscuros para evitar su deterioro. Si no se utiliza un proceso de envasado aséptico, la pulpa debe mantenerse refrigerada.

➢ Distribución: Una vez que la pulpa está envasada, se distribuye a los mercados, donde se utilizará como ingrediente base en la producción de jugos, néctares, helados, mermeladas, productos de repostería, y otros productos alimenticios.

Consideraciones importantes:

➢ Control de calidad: Durante todo el proceso, es fundamental realizar pruebas de calidad para asegurar que la pulpa tenga el sabor, la textura, la acidez y la concentración adecuadas. Se controla el pH, la concentración de sólidos solubles, la viscosidad y la calidad sensorial.
➢ Nutrientes y sabor: La concentración de la pulpa puede afectar tanto la textura como el sabor del mango. Es esencial controlar las temperaturas durante el proceso de evaporación y pasteurización para preservar los nutrientes, en especial la vitamina C (ácido ascórbico), que es sensible al calor.

Beneficios de la pulpa de mango concentrada:

➢ Larga vida útil: La concentración elimina el exceso de agua, lo que reduce el riesgo de descomposición y permite que la pulpa se almacene durante meses o incluso años sin perder demasiada calidad.
➢ Versatilidad: La pulpa concentrada es versátil y puede utilizarse en una variedad de productos alimenticios, como jugos, néctares, productos de repostería, yogures, salsas, y más.
➢ Alta concentración de sabor: Al eliminar el agua, la pulpa concentrada tiene un sabor más intenso y concentrado, lo que la hace ideal para productos en los que se desea un sabor más fuerte y auténtico de mango.

Este proceso transforma el mango fresco en un producto concentrado que es más fácil de almacenar, transportar y utilizar en la industria alimentaria, manteniendo al mismo tiempo el sabor y los beneficios nutricionales del mango.

Diagrama de flujo del proceso de elaboración de la pulpa de mango concentrada en la Figura 4.4.

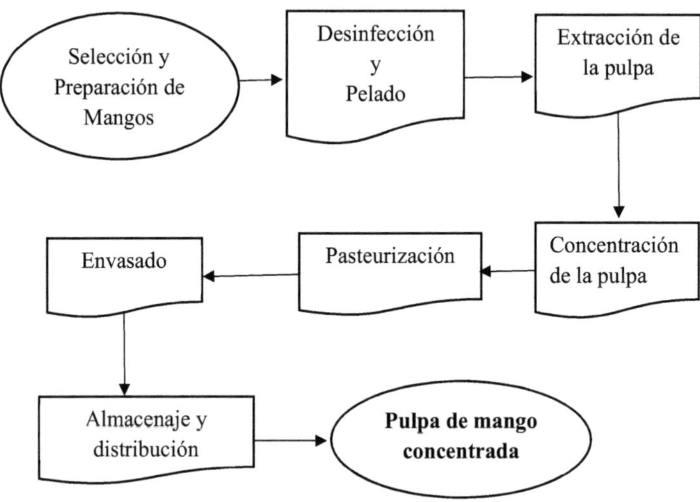

Figura 4.4. Diagrama de flujo del proceso de elaboración de la pulpa de mango concentrada.

8. Galletas con mango.

Productos de confitería como galletas que incorporen mango junto con una cantidad elevada de ácido cítrico para un toque ácido y vitamina C como un refuerzo nutricional.

El desarrollo del proceso de elaboración de galletas con mango involucra varios pasos desde la selección del mango hasta el envasado del producto final.

1. Selección y preparación del mango:

    ➢ Selección del mango: Se seleccionan mangos maduros, de buena calidad y con un sabor dulce y ácido equilibrado. Variedades como Tommy Atkins o Kent son populares para la producción de galletas o dulces debido a su textura y sabor.
    ➢ Lavado y desinfección: Los mangos se lavan cuidadosamente con agua para eliminar cualquier suciedad o residuos. Después, se pueden sumergir en una solución desinfectante, como agua con cloro, para eliminar microorganismos.
    ➢ Pelado y deshuesado: Se pelan los mangos para quitar la cáscara, y se retiran las semillas. Luego, la pulpa obtenida se trocea o se tritura según sea necesario.

2. Extracción de la pulpa de mango:

    ➢ Trituración o licuado: La pulpa de mango se puede triturar o licuar, dependiendo del tipo de dulce o galleta que se desee producir. Si se busca una textura suave, se puede licuar para obtener un puré de mango fino.
    ➢ Filtrado (opcional): En algunos casos, se puede filtrar el puré de mango para eliminar fibras gruesas, obteniendo un producto más suave. Esto depende del tipo de dulce o galleta que se quiera hacer.

3. Preparación de la masa:

    ➢ Mezcla de ingredientes secos: Se preparan los ingredientes secos de la masa de galleta, como harina de trigo, polvo de hornear, bicarbonato de sodio, azúcar (blanca o morena) y, si se desea, especias como canela o jengibre.

➢ Mezcla de ingredientes húmedos: En un recipiente separado, se mezcla la pulpa de mango con mantequilla derretida, aceite o margarina, y huevo (si se está utilizando). Si se desea una galleta vegana, el huevo puede ser sustituido por un agente espesante como el puré de manzana o un sustituto comercial de huevo.

➢ Integración de la pulpa de mango: Se agrega la pulpa de mango a la mezcla húmeda. Dependiendo de la receta, la cantidad de pulpa puede variar, pero generalmente se usa entre un 20% y un 30% de pulpa de mango respecto al peso de los ingredientes secos.

➢ Unificación de ingredientes: Los ingredientes secos se integran con los ingredientes húmedos para formar la masa de las galletas. Este paso se realiza cuidadosamente para evitar que la masa se vuelva demasiado pegajosa o líquida. Si es necesario, se puede añadir un poco más de harina para darle la consistencia adecuada.

4. Formación de las galletas:

➢ Formación de las galletas: La masa se toma en pequeñas porciones y se forma en bolas o se estira con un rodillo para cortar las galletas en formas específicas (redondas, cuadradas o incluso en forma de mango). La técnica exacta puede variar según el tipo de galleta que se quiera hacer.

➢ Decoración (opcional): En algunos casos, las galletas pueden decorarse con trozos pequeños de mango seco, azúcar glaseado o chispas de chocolate antes de hornearlas, dependiendo del sabor y presentación deseada.

5. Cocción de las galletas:

➢ Horneado: Las galletas se colocan en una bandeja para hornear forrada con papel pergamino o engrasada. Se hornean a una temperatura de aproximadamente 170-180°C (340-350°F) durante 10-15 minutos, o hasta que estén doradas en los bordes y firmes al tacto.

➢ Enfriamiento: Después de hornear, las galletas se dejan enfriar completamente antes de ser almacenadas o envasadas. Esto es importante para que la textura y el sabor se estabilicen.

6. Ajuste de sabor y textura:

➢ Prueba de sabor: Durante todo el proceso, es importante probar la masa para ajustar el sabor. Se pueden agregar más azúcar, ácido cítrico, o incluso especias adicionales (canela, cardamomo, etc.) según se desee.
➢ Ajuste de consistencia: Si la masa de galletas es demasiado líquida debido a la pulpa de mango, se puede agregar más harina o almidón para espesarla.

7. Envasado y almacenamiento:

➢ Envasado: Las galletas de mango deben ser envasadas en empaques herméticos para conservar su frescura y evitar la humedad. Se pueden utilizar bolsas de plástico selladas, cajas de cartón o envases de vidrio, dependiendo del tipo de producto y del mercado.
➢ Almacenamiento: Es importante almacenar los productos en un lugar fresco y seco. Las galletas deben mantenerse en un recipiente hermético para evitar que se vuelvan blandas.

Consideraciones importantes:

➢ Control de calidad: Durante todo el proceso de fabricación, es esencial realizar pruebas de calidad para garantizar que el sabor, la textura y la apariencia sean consistentes y estén dentro de los estándares deseados.

➢ Aditivos y conservantes: Si se requiere, se pueden añadir conservantes o antioxidantes naturales, como el ácido ascórbico (vitamina C), para aumentar la vida útil de los productos sin comprometer su calidad.

Beneficios del producto:

➢ Nutrición: Las galletas de mango son una fuente rica en vitamina C, fibra y otros nutrientes provenientes del mango, lo que los convierte en una opción saludable y sabrosa.
➢ Variedad de sabores: El mango combina bien con otros ingredientes como el coco, la canela o el jengibre, lo que permite una amplia gama de sabores para adaptarse a diferentes preferencias.

Diagrama de flujo del proceso de elaboración de galletas de mango en la Figura 4.5.

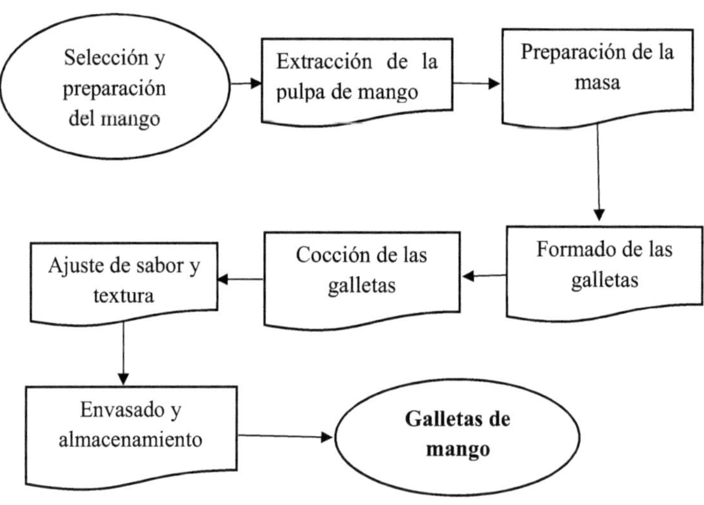

Figura 4.5 Diagrama de flujo del proceso de elaboración de galletas con mango

9. Dulces de mango.

El proceso puede variar dependiendo del tipo de dulce (caramelo, gomitas, etc.):

1. Preparación del puré de mango: Si se está utilizando pulpa de mango, se puede mezclar con azúcar y un poco de ácido cítrico o jugo de limón para resaltar el sabor ácido.

2. Cocción de la mezcla: Para productos como caramelos o gomitas, la mezcla de mango, azúcar y otros ingredientes como gelatina (para gomitas) o glucosa (para caramelos) se cocina a alta temperatura hasta que alcance una consistencia espesa y pegajosa.

3. Enfriado y moldeado: Una vez cocida la mezcla, se vierte en moldes para dar forma a los dulces. Se dejan enfriar y se desmoldan.

4. Corte y envasado: Si el dulce es de consistencia firme, como caramelos, se corta en trozos pequeños y se envasa en envoltorios adecuados.

5. Ajuste de sabor y textura.

➢ Prueba de sabor: Durante todo el proceso, es importante probar el dulce para ajustar el sabor. Se pueden agregar más azúcar, ácido cítrico, o incluso especias adicionales (canela, cardamomo, etc.) según se desee.

➢ Ajuste de consistencia: Si la mezcla no está lo suficientemente espesa, se puede continuar cocinando a fuego bajo hasta alcanzar la consistencia deseada.

6. Envasado y almacenamiento.

- ➢ Envasado: Los dulces de mango deben ser envasadas en empaques herméticos para conservar su frescura y evitar la humedad. Se pueden utilizar bolsas de plástico selladas, cajas de cartón o envases de vidrio, dependiendo del tipo de producto y del mercado.
- ➢ Almacenamiento: Es importante almacenar los productos en un lugar fresco y seco. Los dulces deben ser guardados en condiciones que mantengan su textura y sabor.

Consideraciones Importantes:

- ➢ Control de calidad: Durante todo el proceso de fabricación, es esencial realizar pruebas de calidad para garantizar que el sabor, la textura y la apariencia sean consistentes y estén dentro de los estándares deseados.
- ➢ Aditivos y conservantes: Si se requiere, se pueden añadir conservantes o antioxidantes naturales, como el ácido ascórbico (vitamina C), para aumentar la vida útil de los productos sin comprometer su calidad.

Beneficios del Producto:

- ➢ Nutrición: Los dulces de mango son una fuente rica en vitamina C, fibra y otros nutrientes provenientes del mango, lo que los convierte en una opción saludable y sabrosa.
- ➢ Variedad de sabores: El mango combina bien con otros ingredientes como el coco, la canela o el jengibre, lo que permite una amplia gama de sabores para adaptarse a diferentes preferencias.

Este proceso permite la creación de dulces deliciosos que capturan la esencia tropical del mango, siendo productos ideales para consumir como snacks o regalos. Diagrama de flujo del proceso de elaboración de dulces de mango en la Figura 4.6.

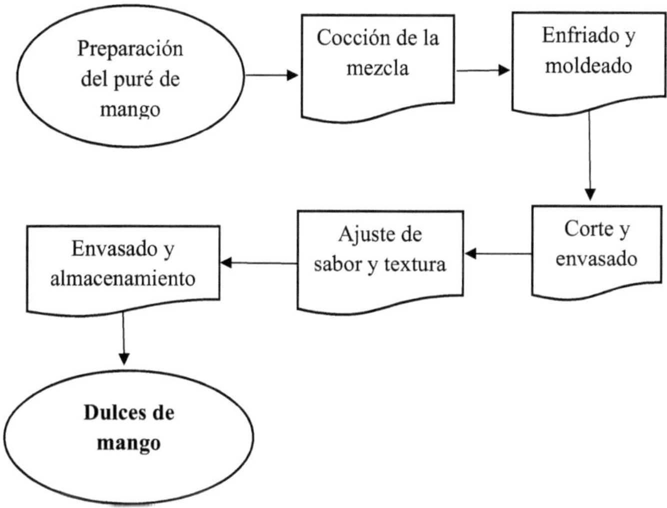

Figura 4.6. Diagrama de flujo del proceso de elaboración de dulces de mango.

10. Suplementos de mango.

Cápsulas o tabletas que contienen polvo de mango concentrado, ácido cítrico y ácido ascórbico para aquellos que busquen un suplemento antioxidante y ácido.

El proceso de elaboración de suplementos de mango implica la transformación del mango fresco o concentrado en una forma concentrada y estabilizada que pueda ser utilizada como un suplemento dietético, como polvo, cápsulas, tabletas o jugo concentrado.

1. Selección y preparación del mango:

➢ Selección de las frutas: Se eligen mangos de alta calidad, maduros, pero no sobremaduros, con una pulpa rica en nutrientes (especialmente vitamina C, antioxidantes como los carotenoides, y fibra). Variedades como Tommy Atkins, Kent o Haden pueden ser apropiadas.
➢ Lavado y desinfección: Las frutas se lavan minuciosamente para eliminar suciedad, pesticidas y microorganismos. Generalmente, se usa una solución de agua con cloro o peróxido de hidrógeno para desinfectar las frutas.

2. Extracción de la pulpa de mango:

➢ Pelado y deshuesado: Después de la desinfección, los mangos se pelan, y se eliminan las semillas. La pulpa que se obtiene es rica en nutrientes, incluyendo antioxidantes, vitaminas (como la vitamina C y A), y fibra.
➢ Trituración: La pulpa de mango se muele o licúa para obtener una pasta homogénea, que puede ser utilizada para producir polvo concentrado o extractos líquidos.

3. Concentración del mango:

➢ Evaporación: Si el objetivo es producir un suplemento en polvo, la pulpa de mango se somete a un proceso de evaporación al vacío para eliminar gran parte del contenido de agua. Esto ayuda a concentrar los nutrientes, como los antioxidantes y vitaminas, y hace que el producto sea más fácil de almacenar y transportar.
➢ Deshidratación (si es necesario): Para obtener polvo concentrado, una vez que se ha reducido la cantidad de agua, la pulpa se puede deshidratar utilizando métodos como:
➢ Liofilización: Este método conserva mejor los nutrientes y mantiene el sabor del mango al máximo. La pulpa congelada se coloca en una

cámara de vacío donde el agua se sublima, dejando solo los sólidos concentrados.

➢ Secado por pulverización: Otro método utilizado para producir polvo es el secado por pulverización, donde la pulpa concentrada se atomiza y se seca instantáneamente con aire caliente.

➢ Obtención de extractos líquidos: Si se busca un suplemento en forma de extracto líquido, la pulpa concentrada se puede procesar utilizando solventes como etanol o agua, o se puede utilizar un proceso de extracción en frío para obtener un extracto líquido concentrado.

4. Formulación de suplementos:

➢ Adición de otros ingredientes: Una vez concentrada la pulpa o el extracto de mango, se pueden añadir otros ingredientes al suplemento para mejorar su efectividad o biodisponibilidad. Esto incluye:

➢ Antioxidantes adicionales: Como la vitamina C, que complementa los beneficios del mango, o ácido ascórbico (vitamina C pura) si se busca mejorar las propiedades antioxidantes.

➢ Otros ingredientes funcionales: Como fibra, probióticos, o minerales (por ejemplo, magnesio) que mejoran los beneficios del suplemento.

➢ Aditivos o excipientes: En caso de producir cápsulas o tabletas, se añaden excipientes para ayudar a la formación, como celulosa microcristalina, almidón o gelatina.

5. Formulación en diferentes presentaciones:

Dependiendo del tipo de suplemento, el mango puede ser formulado de diferentes maneras:

➢ Suplementos en polvo: El polvo concentrado de mango puede ser empaquetado como un polvo suelto en bolsas o frascos. Este polvo puede ser disuelto en agua para preparar bebidas o consumido directamente como un polvo concentrado.

➤ Cápsulas o tabletas: El polvo concentrado de mango también puede ser encapsulado en cápsulas de gelatina o tabletas para una dosificación conveniente.

➤ Suplementos líquidos: El extracto concentrado de mango puede ser envasado en frascos como un jarabe o extracto líquido para agregar a bebidas o consumir directamente.

6. Estabilización y conservación:

➤ Estabilización de nutrientes: Es crucial estabilizar las vitaminas y antioxidantes presentes en el mango, especialmente la vitamina C, que es sensible a la luz, el calor y el oxígeno. Esto se puede lograr utilizando técnicas de envasado aséptico o utilizando antioxidantes naturales que protejan el producto durante su almacenamiento.

➤ Conservación del color y sabor: Durante la deshidratación o evaporación, se deben aplicar métodos que conserven el color y el sabor naturales del mango. Los antioxidantes, como el ácido ascórbico o el tocoferol (vitamina E), también ayudan a mantener la calidad sensorial del producto.

7. Pruebas de calidad y control:

➤ Control de calidad: Durante todo el proceso, se realizan análisis rigurosos para asegurar que el suplemento de mango cumpla con los estándares de calidad. Se analizan parámetros como el contenido de vitaminas, antioxidantes, pH, color, sabor y textura.

➤ Verificación de la pureza: Se asegura que el producto esté libre de contaminantes como metales pesados, pesticidas y microorganismos. Esto es particularmente importante en suplementos dietéticos.

8. Envasado y etiquetado:

> Envasado: El suplemento final se envasa en condiciones estériles, utilizando envases herméticos que protejan el contenido de la humedad, la luz y el oxígeno. Los envases pueden ser frascos de vidrio, plástico o bolsas selladas.
> Etiquetado: El etiquetado debe incluir información nutricional detallada, como la cantidad de vitamina C, antioxidantes, fibra y otros nutrientes. También debe incluir las instrucciones de uso, advertencias (si es necesario) y la información sobre el fabricante.

9. Distribución y comercialización:

> Distribución: Los suplementos de mango se distribuyen a tiendas de alimentos saludables, farmacias o a través de plataformas de comercio electrónico.
> Marketing: El mango es promocionado por sus beneficios antioxidantes, sus propiedades para mejorar la digestión y su contenido de vitaminas y minerales. También se destacan sus beneficios para el sistema inmunológico gracias al alto contenido de vitamina C.

Consideraciones importantes:

> Normativas y regulaciones: El proceso de producción de suplementos de mango debe cumplir con las normativas de seguridad alimentaria y suplementación que varían según el país. Esto incluye los límites de aditivos, conservantes y la cantidad de cada nutriente permitido en los productos.
> Sostenibilidad: Se debe considerar la sostenibilidad del proceso de producción, especialmente si se utiliza mango orgánico o se buscan prácticas que minimicen el desperdicio de frutas.

Beneficios del suplemento de mango:

> Antioxidantes: El mango es rico en antioxidantes como la vitamina C, carotenoides y polifenoles, que ayudan a combatir el daño de los radicales libres.
> Mejora la digestión: El mango contiene enzimas como la amilasa, que puede ayudar en la digestión de carbohidratos.
> Fortalece el sistema inmunológico: La alta concentración de vitamina C contribuye a fortalecer el sistema inmunológico.

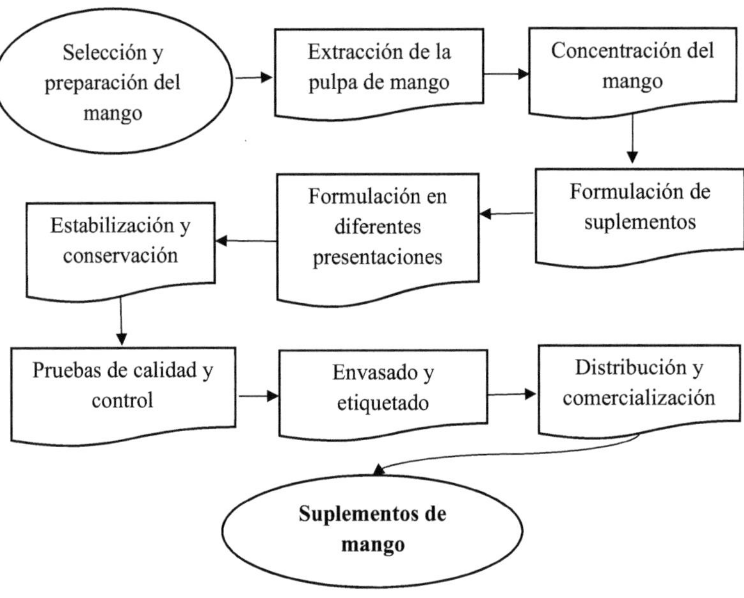

Figura 4.7. Diagrama de flujo del proceso de elaboración de suplementos de mango.

Estos productos son populares no solo por su sabor, sino también por los beneficios nutricionales que brindan, especialmente en términos de vitamina C (ácido ascórbico), que es importante para el sistema inmunológico, y el ácido cítrico, que se utiliza en la industria alimentaria como conservante y para mejorar el sabor.

4.6. Productos elaborados con caujil con alta concentración de ácido cítrico y ácido ascórbico a nivel industrial.

Un producto de caujil con alta concentración de ácido cítrico y ácido ascórbico sería un producto alimenticio funcional o suplemento nutricional que combina las propiedades nutricionales y antioxidantes del anacardo con los beneficios de estos dos compuestos bioactivos. Este tipo de producto podría tener aplicaciones tanto en la industria alimentaria como en la suplementación dietética.

1. Suplementos del caujil.

El proceso de elaboración de suplementos del caujil (también conocido como cajú o marañón) implica transformar la nuez del caujil en una forma concentrada que pueda ser utilizada como suplemento dietético, ya sea en polvo, cápsulas, tabletas o extracto líquido.

1.1. Selección y preparación del caujil:

➢ Selección de los caujiles: Se eligen los caujiles frescos y de alta calidad. Deben estar libres de defectos o daños. Se seleccionan aquellos que tienen un buen sabor, textura y son ricos en nutrientes como grasas saludables, proteínas y minerales.
➢ Desinfección: Antes de procesar los caujiles, se deben lavar cuidadosamente para eliminar polvo o residuos. En algunos casos, se

puede aplicar un tratamiento de desinfección con soluciones de agua y cloro o peróxido de hidrógeno para eliminar posibles contaminantes.

1.2. Extracción del aceite y procesamiento de la nuez:

➢ Extracción del aceite del caujil: El caujil es conocido por su alto contenido de aceite, que es rico en ácidos grasos insaturados, como el ácido oleico. Este aceite puede extraerse a través de un proceso de prensado en frío o por medio de extracción con solventes (como hexano). El aceite del caujil puede ser utilizado como un ingrediente funcional en la formulación de suplementos, ya que posee beneficios cardiovasculares.

➢ Secado: Los caujiles se secan si se desea utilizar la nuez en polvo o en forma de cápsulas. El secado puede hacerse mediante secado al aire, secado por horno o incluso mediante liofilización para preservar mejor los nutrientes y evitar la pérdida de compuestos volátiles.

➢ Tostado: Para mejorar el sabor o facilitar el procesamiento, algunos caujiles se tuestan a baja temperatura. Este proceso también puede aumentar la digestibilidad y resaltar el sabor natural del caujil, aunque puede reducir el contenido de algunas vitaminas sensibles al calor, como la vitamina C.

1.3. Trituración y obtención de polvo o extracto:

➢ Trituración y molienda: Los cujiles se trituran o muelen hasta obtener un polvo fino. Este polvo puede ser utilizado como suplemento en polvo, que se puede añadir a batidos o bebidas.

➢ Extracción de compuestos activos: En algunos casos, se lleva a cabo una extracción para obtener compuestos bioactivos como los flavonoides, antioxidantes, ácidos grasos y minerales. Esta extracción puede realizarse con agua caliente, etanol o glicol propileno para concentrar los activos del anacardo en forma de extracto líquido o semisólido.

1.4. Formulación del suplemento:

Dependiendo del tipo de suplemento del caujil, la formulación puede variar, y los ingredientes adicionales pueden influir en la dosificación y presentación.

➢ Suplemento en polvo: Si se está produciendo un suplemento en polvo, el polvo del caujil concentrado se mezcla con otros ingredientes, como antioxidantes, fibra, vitaminas adicionales o incluso probióticos para mejorar su valor nutricional y biodisponibilidad.
➢ Suplementos líquidos: Para obtener extractos líquidos concentrados, se puede utilizar una forma líquida del caujil, que contiene tanto el aceite como los compuestos activos solubles en agua. Estos extractos se pueden diluir para formar suplementos en forma de jarabe o líquidos concentrados.
➢ Cápsulas o tabletas: Para los suplementos en cápsulas o tabletas, el polvo del caujil concentrado se mezcla con excipientes como celulosa microcristalina, almidón, gelatina (en caso de cápsulas) o compuestos como la goma xantana para dar forma a las tabletas o cápsulas. Este paso también implica la compresión de las cápsulas y tabletas en máquinas especiales.

1.5. Estabilización y conservación:

➢ Estabilización de nutrientes: El caujil es sensible al aire, a la luz y al calor, lo que puede reducir la calidad de algunos de sus compuestos activos, como los antioxidantes (vitamina E) o los ácidos grasos saludables. Para evitar esta pérdida de calidad, el suplemento del caujil puede ser estabilizado utilizando antioxidantes naturales como el ácido ascórbico (vitamina C), vitamina E o el ácido linoleico.

➤ Envasado aséptico: Los suplementos del caujil se envasan en condiciones asépticas para prevenir la oxidación. Los envases deben ser herméticos, opacos y resistentes al calor para garantizar la máxima preservación de los nutrientes. Los envases pueden ser frascos de vidrio, plástico o bolsas selladas.

1.6. Control de calidad:

Durante el proceso de producción de suplementos del caujil, se llevan a cabo varios controles de calidad para asegurar que el producto final cumpla con los estándares nutricionales y de seguridad.

➤ Análisis nutricional: Se realizan pruebas para garantizar que los niveles de nutrientes, como proteínas, ácidos grasos, fibra y minerales, estén dentro de los rangos deseados.
➤ Pruebas de seguridad: Se llevan a cabo pruebas para verificar la ausencia de contaminantes, como metales pesados (plomo, cadmio, mercurio), pesticidas o microorganismos patógenos, que podrían afectar la seguridad del suplemento.

1.7. Envasado y etiquetado:

➤ Envasado final: El suplemento del caujil, ya sea en polvo, cápsulas, tabletas o extracto, se envasa en el formato final que el consumidor comprará. Los envases deben proteger el producto de factores ambientales (luz, oxígeno, humedad) que puedan degradar los nutrientes.
➤ Etiquetado: El etiquetado de los suplementos del caujil debe incluir información nutricional detallada (contenido de ácidos grasos, proteínas, vitaminas, minerales), instrucciones de uso, advertencias (si es necesario) y la fecha de caducidad. También se debe especificar el origen del caujil, especialmente si es orgánico o libre de pesticidas.

1.8. Distribución y comercialización:

> Distribución: Los suplementos del caujil se distribuyen a través de tiendas de alimentos saludables, farmacias, supermercados o plataformas de comercio electrónico.
> Marketing: Los suplementos del caujil suelen promocionarse por sus beneficios cardiovasculares debido a su contenido de ácidos grasos insaturados (como el ácido oleico), su capacidad para mejorar los niveles de colesterol, su riqueza en antioxidantes y su potencial para mejorar la salud ósea debido al contenido de magnesio, fósforo y calcio.

Beneficios del suplemento de caujil:

> Ácidos grasos saludables: El caujil es rico en ácidos grasos monoinsaturados, que son beneficiosos para la salud cardiovascular. Estos ácidos grasos ayudan a reducir el colesterol malo (LDL) y aumentan el colesterol bueno (HDL).
> Antioxidantes: El caujil contiene antioxidantes como la vitamina E, que protegen las células del daño causado por los radicales libres, lo que contribuye a la prevención de enfermedades crónicas.
> Minerales esenciales: El caujil es una excelente fuente de minerales como magnesio, calcio, hierro y zinc, que son importantes para la salud ósea, el sistema inmunológico y la función muscular.
> Beneficios para la piel: Gracias a su contenido de antioxidantes y ácidos grasos, el suplemento del caujil puede contribuir a mantener la piel saludable, hidratada y libre de arrugas.
> Control del azúcar en sangre: Algunos estudios sugieren que el consumo de los caujiles puede ayudar a mejorar el control de azúcar en la sangre debido a su contenido en fibra y grasas saludables.

Consideraciones Importantes:

> Normativas y regulaciones: Como cualquier suplemento alimenticio, la producción de suplementos del caujil debe seguir las normativas de seguridad alimentaria y suplementación específicas del país o región.
> Sostenibilidad: Se deben considerar prácticas sostenibles en la producción de los caujiles, como la agricultura orgánica o el uso de técnicas de comercio justo que beneficien a los productores.

Este proceso garantiza que el suplemento del caujil sea efectivo, seguro y fácil de consumir, proporcionando los beneficios nutricionales del caujil en una forma concentrada y accesible para los consumidores. Diagrama de flujo del proceso de elaboración de suplementos del caujil en la Figura 4.8.

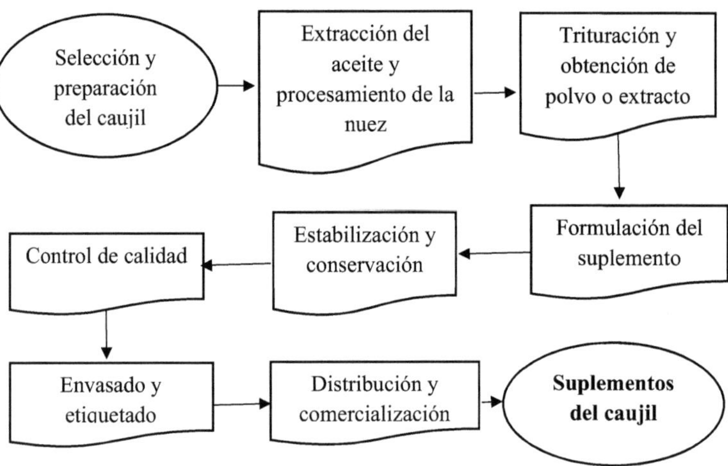

Figura 4.8. Diagrama de flujo del proceso de elaboración de suplementos del caujil.

2. Caujil enriquecidos con ácido cítrico y ácido ascórbico.

El objetivo es producir un snack saludable y funcional que no solo aporte los beneficios nutricionales de los caujiles (ricos en grasas saludables, proteínas, minerales como el magnesio y el zinc), sino también las propiedades antioxidantes y de refuerzo del sistema inmunológico del ácido ascórbico (vitamina C) y las características ácidas del ácido cítrico para mejorar el sabor y la conservación del producto.

Proceso de elaboración:

2.1. Selecciones del caujil: Se seleccionan caujiles frescos y de alta calidad, libres de defectos y contaminantes.

2.2. Desinfección: Los caujiles son lavados con agua y una solución desinfectante suave (si es necesario) para eliminar impurezas y residuos.

2.3. Preparación de soluciones de ácido cítrico y ácido ascórbico: Se preparan soluciones concentradas de ácido cítrico y ácido ascórbico (vitamina C). Estas soluciones se pueden hacer disolviendo el ácido cítrico y la vitamina C en agua destilada a concentraciones adecuadas, por ejemplo, el ácido cítrico al 1-2% y el ácido ascórbico al 2-5% de la masa del caujil, según los objetivos nutricionales y de sabor.

2.4. Maceración de los caujiles: Los caujiles se sumergen en las soluciones de ácido cítrico y ácido ascórbico durante un tiempo determinado (30 minutos a varias horas). Este proceso asegura que los caujiles absorban los compuestos, lo que aumentará su concentración en ácido cítrico y vitamina C.

2.5. Secado y tostado: Tras la maceración, los caujiles se secan y tuestan. El secado puede realizarse de varias maneras:

> Secado al aire en condiciones controladas, lo que puede tardar más tiempo.
> Secado en horno a baja temperatura (aproximadamente 50-60°C) para evitar la pérdida de la vitamina C.
> Liofilización (opcional) para preservar mejor los nutrientes.

2.6. Concentración y evaluación: Se verifican los niveles de ácido cítrico y ácido ascórbico en los caujiles mediante análisis de laboratorio para asegurarse de que la concentración sea adecuada para el perfil nutricional deseado.

2.7. Embalaje: Los caujiles enriquecidos con ácido cítrico y ácido ascórbico se empaquetan en envases herméticos y opacos para protegerlos de la oxidación y la pérdida de vitamina C. Los envases pueden ser bolsas, frascos o envases sellados al vacío.

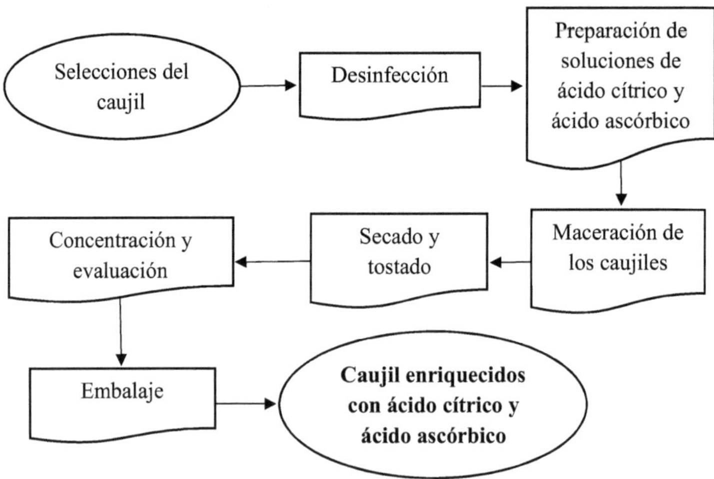

**Figura 4.9. Diagrama de flujo del proceso de elaboración del caujil
enriquecidos con ácido cítrico y ácido ascórbico.**

Beneficios nutricionales y funcionales del producto:

➢ Propiedades antioxidantes: El ácido ascórbico (vitamina C) es conocido
por sus potentes efectos antioxidantes que ayudan a proteger las células
del daño causado por los radicales libres.
➢ Refuerzo del sistema inmunológico: La vitamina C juega un papel
fundamental en la función del sistema inmunológico, ayudando a
prevenir infecciones y a la reparación de tejidos.
➢ Mejora en la absorción de hierro: El ácido ascórbico facilita la absorción
de hierro no hemo (de fuentes vegetales), lo que es beneficioso para
prevenir deficiencias de hierro.
➢ Efecto conservante: El ácido cítrico ayuda a preservar la frescura del
producto, aumentando su vida útil, y mejora el sabor ácido de los
anacardos, brindando un toque refrescante.
➢ Mejora de la digestión: El ácido cítrico también puede ayudar a mejorar
la digestión al estimular la secreción de jugos gástricos.

1. Presentación del producto:

El producto de caujiles con alta concentración de ácido cítrico y ácido ascórbico
puede presentarse en diversas formas, dependiendo de la forma de consumo
deseada:

➢ Snack listo para consumir: Caujiles impregnados con ácido cítrico y
vitamina C en su forma natural o ligeramente tostados.
➢ Suplemento en polvo: Los caujiles pueden ser triturados para formar un
polvo que se pueda utilizar como suplemento o agregar a batidos.

➢ Cápsulas o tabletas: El polvo de caujil concentrado con ácido cítrico y ácido ascórbico podría ser encapsulado en cápsulas o comprimido en tabletas como suplemento nutricional.

2. Consideraciones importantes:

➢ Estabilidad del ácido ascórbico: La vitamina C es sensible al calor y a la luz, por lo que es importante realizar el proceso de secado a temperaturas controladas y almacenar el producto en envases herméticos y opacos para preservar la vitamina C.
➢ Regulaciones de aditivos alimentarios: Es necesario cumplir con las regulaciones locales sobre el uso de aditivos como el ácido cítrico y ácido ascórbico, especialmente si se comercializa como suplemento.

3. Aplicaciones:

➢ Snack saludable: Este producto puede ser una excelente opción como snack saludable, ofreciendo un aporte extra de vitamina C junto con los beneficios de las grasas saludables del anacardo.
➢ Suplemento nutricional: Ideal para personas que buscan incrementar su ingesta de vitamina C, especialmente aquellos con una dieta limitada en frutas frescas o personas que necesitan un refuerzo antioxidante.
➢ Alimento funcional: Los caujiles enriquecidos con estos ácidos pueden formar parte de productos alimenticios funcionales, como barras de granola, mezclas de frutos secos, entre otros.

Este producto puede captar el interés de consumidores que buscan opciones saludables, nutritivas y con beneficios adicionales, como el refuerzo del sistema inmunológico o antioxidantes naturales.

Productos derivados de la pulpa del caujil concentrado.

La pulpa del caujil concentrada es un producto derivado del caujil que se obtiene al procesar la parte comestible del fruto del caujil (anarcado o cajú), que es la parte carnosa que rodea la nuez del caujil. Esta pulpa concentrada tiene una gran demanda debido a su versatilidad en la industria alimentaria y de bebidas, especialmente en la elaboración de productos que buscan aprovechar sus beneficios nutricionales y sabor dulce-acidulado.

1. Jugo del caujil concentrado.

El jugo de anacardos concentrado es un producto derivado de la pulpa del caujil que, al ser procesado y concentrado, conserva la esencia del sabor y los nutrientes del fruto. Este jugo es utilizado en una variedad de productos alimenticios y bebidas debido a su sabor distintivo, así como a sus propiedades nutricionales.

> Proceso de elaboración: La pulpa del caujil se extrae de los frutos frescos, se pasteuriza para eliminar bacterias y prolongar su vida útil, y luego se concentra eliminando el exceso de agua.
> Usos: El jugo concentrado del caujil puede usarse para preparar bebidas, jugos naturales, cócteles, o mezclarse con otras frutas para elaborar jugos mixtos. También se puede reconstituir con agua para obtener jugo fresco.
> Beneficios: Aporta vitaminas como la vitamina C, minerales y antioxidantes. Es una opción saludable y refrescante para bebidas funcionales.

2. Salsas y aderezos.

> Proceso de elaboración: La pulpa concentrada puede ser combinada con especias, vinagre, y otros ingredientes para elaborar salsas y aderezos, como mayonesas o salsas para acompañar platos.

- ➤ Usos: Las salsas y aderezos hechos a base de pulpa del caujil son ideales para ensaladas, carnes, pescados, o como complemento para productos veganos.
- ➤ Beneficios: Aporta un sabor dulce y ácido, ideal para personas que buscan opciones con un perfil de sabor exótico. También es una buena fuente de nutrientes esenciales.

3. Dulces y golosinas.

- ➤ Proceso de elaboración: La pulpa concentrada del caujil puede ser combinada con azúcar, miel o jarabes para crear dulces y golosinas, como caramelos, galletas o barras energéticas.
- ➤ Usos: Los productos de confitería elaborados con pulpa concentrada del caujil son populares en muchas regiones, especialmente en India y otros países tropicales.
- ➤ Beneficios: Aporta una alternativa más saludable a los dulces tradicionales, al ser rica en grasas saludables y proteínas vegetales, además de ser una fuente de vitamina C.

4. Helados y sorbetes.

- ➤ Proceso de elaboración: La pulpa de caujil concentrada puede ser combinada con cremas vegetales, azúcares y otros ingredientes para producir helados o sorbetes. El concentrado de pulpa del caujil contribuye a la textura cremosa y al sabor tropical característico.
- ➤ Usos: Helados o sorbetes veganos, aptos para personas con intolerancia a la lactosa o que siguen dietas basadas en plantas.
- ➤ Beneficios: Aporta una fuente de nutrientes como vitaminas, minerales, y grasas saludables, ofreciendo una opción de postre nutritivo.

5. Suplementos nutricionales.

➢ Proceso de elaboración: La pulpa concentrada puede ser utilizada como ingrediente en la fabricación de suplementos nutricionales en polvo o cápsulas. Se procesa y se liofiliza para concentrar sus nutrientes y preservar sus propiedades.

➢ Usos: Estos suplementos se comercializan como una fuente natural de nutrientes como vitaminas, antioxidantes y minerales.

➢ Beneficios: Ayuda a complementar dietas deficientes en vitaminas y minerales, y contribuye a la mejora del sistema inmunológico, la digestión, y la salud de la piel.

6. Mermeladas y conservas.

➢ Proceso de elaboración: La pulpa concentrada de cauil puede ser utilizada como base para mermeladas, conservas o jaleas, combinándola con azúcar y pectina.

➢ Usos: Se puede untar en pan, acompañar yogur, o como parte de recetas de postres.

➢ Beneficios: Ofrece un sabor dulce y ácido natural, sin necesidad de aditivos artificiales, mientras conserva las propiedades nutricionales del anacardo.

7. Barras energéticas.

➢ Proceso de elaboración: La pulpa de caujil concentrada se puede mezclar con otros ingredientes saludables como avena, frutos secos, semillas, y edulcorantes naturales para producir barras energéticas.

➢ Usos: Estas barras son ideales como snack saludable o para consumir antes o después de hacer ejercicio.

➢ Beneficios: Aportan una fuente natural de energía, fibra, proteínas y grasas saludables, junto con antioxidantes y minerales provenientes de la pulpa concentrada del caujil.

8. Lácteos vegetales.

➢ Proceso de elaboración: La pulpa concentrada de caujil puede ser utilizada en la formulación de bebidas vegetales o leches a base de anacardo. Se mezcla con agua, endulzantes naturales y a veces enriquecido con calcio y otros nutrientes.
➢ Usos: La leche de caujil puede ser utilizada como alternativa a la leche de vaca en diversas aplicaciones, como batidos, cafés, postres o simplemente como bebida.
➢ Beneficios: Es apta para personas veganas, intolerantes a la lactosa, o alérgicas a los lácteos. También es rica en grasas saludables y otros nutrientes.

9. Cosméticos y productos de cuidado de la piel.

➢ Proceso de elaboración: Los aceites extraídos de la pulpa de caujil y sus extractos pueden ser utilizados en la industria cosmética para la elaboración de cremas, lociones y productos para el cuidado de la piel.
➢ Usos: Cremas hidratantes, exfoliantes, o aceites para la piel que aprovechan las propiedades nutritivas de la pulpa.
➢ Beneficios: La pulpa del caujil es rica en antioxidantes y vitaminas, lo que puede ayudar a nutrir la piel, mejorar la hidratación y prevenir el envejecimiento prematuro.

10. Productos veganos y sin gluten.

➢ Proceso de elaboración: Utilizando la pulpa del caujil concentrada, se pueden crear productos 100% veganos y sin gluten, como galletas, panecillos o pasteles.
➢ Usos: Estos productos son ideales para personas con dietas restringidas o que buscan opciones alimenticias más saludables y adaptadas a sus necesidades.

➤ Beneficios: La pulpa de caujil proporciona grasas saludables, vitaminas y minerales, lo que la convierte en una excelente alternativa para productos sin gluten y veganos.

Consideraciones importantes:

➤ Sostenibilidad: El uso de la pulpa del caujil concentrada es una forma de aprovechar completamente el fruto del caujil, promoviendo prácticas más sostenibles y reduciendo el desperdicio de alimentos.
➤ Conservación: La pulpa concentrada debe ser procesada adecuadamente (por ejemplo, a través de pasteurización o liofilización) para garantizar su frescura, calidad y vida útil.
➤ Beneficios nutricionales: Los productos elaborados a partir de la pulpa concentrada del caujil son una fuente rica en nutrientes como vitaminas, antioxidantes y minerales, que pueden mejorar la salud cardiovascular, digestiva y del sistema inmunológico.

La pulpa concentrada del caujil es un ingrediente versátil con múltiples aplicaciones en la industria alimentaria, nutricional y cosmética, y su uso en productos puede ofrecer beneficios tanto para la salud como para el disfrute del consumidor.

Productos derivados del jugo del caujil concentrado.

1. **Bebidas y jugos naturales.**

➤ Proceso de elaboración: El jugo de caujiles se extrae de la pulpa del caujil, se filtra para eliminar impurezas y se concentra para prolongar su vida útil. Luego se puede mezclar con otros jugos de frutas para crear bebidas mixtas o consumirse directamente como jugo del caujil.

➤ Usos: El jugo concentrado puede reconstituirse con agua para obtener un jugo fresco, o utilizarse como base en la preparación de bebidas naturales. También se puede usar en cócteles.
➤ Beneficios: Aporta una buena cantidad de vitamina C, minerales como magnesio y potasio, y antioxidantes naturales que pueden ayudar a fortalecer el sistema inmunológico y promover la salud en general.

2. Bebidas energéticas y funcionales.

➤ Proceso de elaboración: Se combina el jugo del caujil concentrado con otros ingredientes como electrolitos, hierbas adaptogénicas, edulcorantes naturales, y vitaminas para crear bebidas funcionales o energéticas.
➤ Usos: Estas bebidas se pueden comercializar como una opción saludable para aumentar la energía y la vitalidad, aprovechando las propiedades antioxidantes y antiinflamatorias del anacardo.
➤ Beneficios: Aporta energía rápida debido a su contenido de azúcares naturales y puede ofrecer un refuerzo adicional con ingredientes funcionales como la cafeína, guaraná o vitaminas del complejo B.

3. Salsas y condimentos.

➤ Proceso de elaboración: El jugo del caujil concentrado se puede usar como base para la creación de salsas, aderezos y condimentos. En combinación con especias, vinagre, y otros ingredientes, se puede elaborar una salsa cremoso-tropical.
➤ Usos: Ideal para acompañar platos de ensaladas, carnes, pescados, y como base para salsas para pasta o ensaladas.
➤ Beneficios: Aporta un sabor único, dulce y ligeramente ácido, además de incorporar los beneficios nutricionales del anacardo y la vitamina C.

4. Helados y sorbetes.

➢ Proceso de elaboración: El jugo del caujil concentrado se mezcla con otros ingredientes como azúcar, leche de coco o cremas vegetales, y se congela para crear helados o sorbetes.

➢ Usos: Los helados y sorbetes elaborados con jugo del caujil tienen una textura cremosa y un sabor tropical.

➢ Beneficios: Son opciones de postre sin lácteos, ideales para personas veganas, intolerantes a la lactosa o que buscan una opción más saludable de postre.

5. Dulces y golosinas.

➢ Proceso de elaboración: El jugo concentrado del caujil se puede utilizar en la fabricación de caramelos, gomitas, o tabletas de frutas, combinándolo con edulcorantes naturales y otros ingredientes.

➢ Usos: Dulces, barras energéticas, o galletas que utilicen el jugo concentrado del caujil como un componente central.

➢ Beneficios: Ofrecen una alternativa más natural a los dulces convencionales, con un sabor tropical y una rica fuente de antioxidantes, minerales y vitaminas.

6. Sirope o jarabe del caujil.

➢ Proceso de elaboración: El jugo concentrado del caujil se puede transformar en jarabe o sirope, reduciéndolo más y añadiendo azúcares o miel.

➢ Usos: El jarabe del caujil puede usarse para endulzar bebidas, postres, o como topping para pancakes, waffles y helados.

➢ Beneficios: Este sirope puede ofrecer un sabor más natural que los jarabes comerciales, con el valor agregado de las propiedades nutritivas del caujil.

7. Suplementos nutricionales líquidos.

➢ Proceso de elaboración: El jugo concentrado del caujil se puede liofilizar o convertir en polvo y encapsular para su comercialización como suplemento nutricional.
➢ Usos: Se puede vender como suplemento para apoyar la salud general, mejorar la función inmunológica, o como fuente adicional de vitamina C, antioxidantes y minerales.
➢ Beneficios: El jugo concentrado es una excelente fuente de vitamina C, magnesio, zinc, y otros micronutrientes esenciales. Su uso en suplementos puede ayudar a personas con deficiencias vitamínicas o que busquen beneficios antioxidantes.

8. Productos de panadería.

➢ Proceso de elaboración: El jugo concentrado del caujil puede ser integrado en la masa de panes, galletas, pasteles y otros productos de panadería. Puede reemplazar a los jugos de frutas tradicionales o combinarse con ellos para aportar un sabor tropical.
➢ Usos: Panes, galletas, pasteles o bizcochos, en especial aquellos que buscan un toque de sabor exótico o que se ajustan a dietas veganas.
➢ Beneficios: Ofrecen un perfil de sabor único y un aporte adicional de nutrientes beneficiosos como las vitaminas y minerales presentes en el caujil.

9. Lácteos vegetales del caujil.

➢ Proceso de elaboración: El jugo concentrado de caujil se puede usar como base para crear leches vegetales o cremas, combinando el jugo con agua, aceites vegetales y enriquecido con calcio y otros nutrientes.
➢ Usos: Leche de caujil como alternativa a la leche de vaca, o como base para batidos, café, postres y cereales.

➤ Beneficios: Aporta un sabor suave y cremoso, además de ser una excelente opción para personas con intolerancia a la lactosa, veganas o alérgicas a los lácteos.

10. Cosméticos y productos de cuidado personal.

➤ Proceso de elaboración: El jugo concentrado de caujil puede ser utilizado en la industria cosmética para la creación de productos como cremas hidratantes, lociones o aceites para la piel, aprovechando sus propiedades antioxidantes y nutritivas.
➤ Usos: Cremas faciales, aceites para el cuidado del cabello o productos de limpieza facial.
➤ Beneficios: Gracias a su alto contenido de vitamina C y otros antioxidantes, el jugo concentrado de anacardo puede ayudar a mejorar la salud de la piel, combatir signos del envejecimiento y proporcionar hidratación.

11. Productos para mascotas.

➤ Proceso de elaboración: El jugo de caujil concentrado puede ser formulado como parte de golosinas o suplementos para mascotas, aprovechando su sabor y nutrientes.
➤ Usos: Como suplemento nutricional o golosinas para perros o gatos, ofreciendo beneficios antioxidantes.
➤ Beneficios: Puede aportar beneficios antioxidantes, minerales y vitaminas, aunque siempre debe ser utilizado con cuidado, considerando las necesidades nutricionales específicas de las mascotas.

Consideraciones importantes:

➤ Conservación y almacenaje: El jugo concentrado debe ser almacenado en condiciones controladas de temperatura para evitar la oxidación y la pérdida de nutrientes. Se pueden utilizar envases herméticos o refrigeración para prolongar su vida útil.

➢ Beneficios nutricionales: El jugo de caujil concentrado es una fuente rica de vitamina C, antioxidantes, magnesio, potasio y otros nutrientes beneficiosos que pueden apoyar la salud cardiovascular, la función inmunológica y el bienestar general.

➢ Sostenibilidad: Utilizar jugo concentrado de caujil es una forma eficiente de aprovechar el fruto del caujil de manera integral, contribuyendo a la sostenibilidad de la industria.

El jugo de caujiles concentrado puede ser utilizado de diversas maneras para crear una amplia gama de productos alimenticios, bebidas y cosméticos, todos con un perfil nutricional rico y un sabor único que atrae a consumidores que buscan opciones saludables y exóticas.

4.7. Innovaciones con las frutas tropicales mango y caujil.

La innovación de productos a partir de frutas tropicales como el mango y el caujil ha estado en constante expansión debido a sus propiedades nutritivas, sus aplicaciones muy importantes y la demanda de productos más saludables y sostenibles.

- **Innovación en productos a partir del mango:**

1. Mango liofilizado:

➢ El mango liofilizado se obtiene mediante el proceso de liofilización, que conserva los nutrientes, el sabor y la textura de la fruta sin necesidad de aditivos ni conservantes.

➢ Aplicaciones: Se utiliza en snacks saludables, mezclas para granola, cereales, batidos instantáneos y como ingrediente en productos de repostería.

2. Mango en polvo

➢ A través de la deshidratación (por aire caliente o liofilización), el mango se convierte en polvo, conservando sus nutrientes, como vitaminas A y C, y su sabor.
➢ Aplicaciones: Se usa en la producción de jugos, batidos, suplementos nutricionales, productos sin gluten, y repostería. Además, es un ingrediente popular para agregar en productos como yogures, helados y mezclas para galletas.

3. Bebidas funcionales a base de mango:

➢ El jugo de mango se combina con otros ingredientes funcionales como probióticos, antioxidantes o vitaminas adicionales (como la vitamina D o C) para crear bebidas que ofrecen beneficios para la salud (digestión, inmunidad, antioxidantes).
➢ Aplicaciones: Jugos, smoothies, bebidas energéticas, bebidas detox y combinadas con superalimentos como spirulina o chlorella.

4. Aceite de semilla de mango:

➢ A través de la extracción en frío de las semillas de mango, se obtiene un aceite rico en antioxidantes, vitaminas y ácidos grasos esenciales.
➢ Aplicaciones: Este aceite se usa en la industria cosmética (cremas, aceites para la piel, productos capilares) y también en la gastronomía como aceite comestible o aderezos.

5. Cosméticos a base de mango:

➢ La pulpa y los extractos de mango se procesan para crear productos cosméticos debido a sus propiedades hidratantes y antioxidantes.

➤ Aplicaciones: Cremas anti-envejecimiento, mascarillas faciales, lociones hidratantes, champús y acondicionadores.

- **Innovación en productos a partir del caujil**:

1. Leche de caujil:

➤ El caujil se muele y se mezcla con agua para crear una leche vegetal rica en grasas saludables. Este proceso no requiere calor, lo que preserva los nutrientes.
➤ Aplicaciones: Se utiliza como alternativa a la leche de vaca en bebidas, yogures, helados, salsas y productos para el desayuno.

2. Proteína de caujil:

➤ A través de la extracción y concentración de la proteína del caujil, se obtiene un polvo proteico vegetal, ideal para los que buscan opciones no animales.
➤ Aplicaciones: Suplementos alimenticios, batidos de proteínas, barras energéticas, y como ingredientc en productos veganos o sin gluten.

3. Aceite de caujil:

➤ El aceite se extrae mediante prensado en frío de la semilla del caujil. Es rico en antioxidantes y grasas saludables.
➤ Aplicaciones: Se utiliza en cosméticos, cremas hidratantes, aceites para el cuidado de la piel, productos capilares, e incluso en la cocina gourmet.

4. Harina de caujil:

➤ La semilla del caujil se muele para producir harina, que es rica en proteínas, grasas saludables y minerales.

➤ Aplicaciones: La harina del caujil se usa en la repostería sin gluten, panes, galletas, y como ingrediente en productos alimenticios saludables.

5. Snacks gourmet de caujil:

➤ Los caujiles se procesan de diversas formas, como tostados, sazonados o recubiertos con chocolate o frutas secas, para ofrecer una opción de snack saludable y gourmet.
➤ Aplicaciones: Mezclas de frutos secos, barras energéticas, y como ingrediente para ensaladas y platos gourmet.

- **Innovaciones combinadas de mango y caujil:**

1. Batidos y bebidas nutritivas:

➤ Se combinan la pulpa de mango y la leche o proteína del caujil para crear batidos nutritivos y energéticos, ofreciendo una mezcla de vitaminas, minerales, fibra y proteínas.
➤ Aplicaciones: Batidos listos para beber, smoothies, bebidas funcionales para la salud digestiva o inmunológica.

2. Helados veganos de mango y caujil:

➤ El mango y la leche del caujil se combinan para crear helados cremosos, veganos y sin lácteos, con un sabor natural y suave.
➤ Aplicaciones: Helados, sorbetes, postres congelados.

3. Barras energéticas y snacks saludables:

➤ Los caujiles, junto con polvo de mango, se utilizan para crear barras energéticas con una mezcla de proteínas, grasas saludables, fibra y vitaminas.

➤ Aplicaciones: Barras energéticas, mezclas de frutos secos, y productos de snack.

4. Productos cosméticos de mango y caujil:

➤ La combinación de la pulpa de mango con el aceite de caujil da lugar a productos cosméticos con propiedades hidratantes y regenerativas para la piel y el cabello.
➤ Aplicaciones: Cremas hidratantes, aceites para la piel, champús y acondicionadores.

- **Beneficios de las innovaciones**:

➤ Sostenibilidad: Muchos de estos productos innovadores aprovechan todo el potencial de las frutas, reduciendo el desperdicio (por ejemplo, utilizando semillas o cáscaras) y contribuyendo a una economía circular.
➤ Valor nutricional: Las innovaciones en mango y caujil ofrecen una gran variedad de beneficios para la salud, desde antioxidantes hasta grasas saludables y proteínas.
➤ Alternativas saludables: Muchos de estos productos son opciones más saludables que los productos convencionales, como las leches vegetales o los snacks sin azúcares añadidos.

CONCLUSIONES

➤ La caracterización fisicoquímica de los jugos de y mango a través de los métodos utilizados por las normas de COVENIN y el Reglamento Técnico Centroamericano para los alimentos, para la determinación del pH, los SST, la humedad, cenizas y grasas indican que los valores obtenidos son aceptables para los jugos y néctares. Evidenció que el mango contiene valores mayores en SST (4.5°Bx), contenido de humedad (94.94%), cenizas (0.15%) y grasas (0.49%) a comparación del caujil, quien obtuvo SST (2.5°Bx), contenido de humedad (96.18%), cenizas (0.04%) y grasas (0.34%), colocando al mango como una fruta enriquecida y funcional para la dieta del ser humano.

➤ Se determinó la factibilidad de la técnica de titulación volumétrica como método para identificar y cuantificar el ácido cítrico y el ácido ascórbico presente en los jugos de cajuil y mango, puesto que cumplió con los parámetros establecidos (tiempo, equipos, reactivos y costos) y, además, con la eficiencia en la obtención de datos experimentales.

➤ En la determinación del rendimiento, se observó que el mango contenía mayor cantidad tanto de ácido cítrico con (38.11 g/L) como de ácido ascórbico con (11.96 g/L), mientras el cajuil obtuvo datos de (19.89 g/L) para ácido cítrico y (8.62 g/L) para ácido ascórbico.

➤ Se observó que el jugo de limón contiene mayor concentración de ácido cítrico en comparación al jugo de piña, naranja, semeruco, mango y cajuil. Al respecto del ácido ascórbico, el jugo de mango contuvo la mayor concentración de este, que los jugos de naranja, mandarina, limón, Tampico y cajuil.

➢ Estas innovaciones no solo diversifican el uso de las frutas tropicales, sino que también aprovechan tecnologías avanzadas para mejorar la conservación, el valor nutricional y las aplicaciones comerciales de los productos.

RECOMENDACIONES

> Estudiar otras variedades de mango y cajuil, desde el ámbito fisicoquímico, para establecer futuras comparaciones en relación a las variedades estudiadas de mango (magnifera indica) y cajuil (anacardium occidentale L)

> Evaluar la aplicabilidad del método de titulación volumétrica utilizando otras partes del mango y cajuil tales como pulpa, cáscara y semilla, a partir de extractos y aceites para estos frutos.

> Diseñar un proceso a escala piloto, para la producción semi-industrial de ácido ascórbico y ácido cítrico, utilizando como materia prima las variedades estudiadas, mango (*Magnifera indica*) y cajuil (*Anacardium occidentale L*).

> Considerar la limpieza de los instrumentos de laboratorio utilizados evitando así que se puedan generar alteraciones que llegasen a comprometer el proceso de titulación a causa de instrumentos que han sido utilizados para otras experiencias.

REFERENCIAS BIBLIOGRÁFICAS

[1] Ferrer, J., & Alejos, R. (2024). Ciência e tecnologia do processamento agroindustrial do caju. London, United Kingdom: Novas Edições Acadêmicas.

[2] Ferrer, J., & Alejos, R. (2024). Planta piloto agroindustrial de castanha de caju. London, United Kingdom: Novas Edições Acadêmicas.

[3] Machado, J. & Ferrer, J. (2024). Fixed bed column bioreactor. London, United Kingdom: LAP Lambert Academic Publishing.

[4] Ferrer, J. y Silva, V. (2018). Sistema de análisis de peligros y puntos críticos de control. Caso de estudio en embotelladora de bebidas carbonatadas. Mauritius. Editorial Académica Española.

[5] Ferrer, J., & Acosta, E. (2024). Bioprocesses in Chemical Engineering. London, United Kingdom: LAP Lambert Academic Publishing.

[6] Ferrer, J. & Medina, A. (2024). Fermentación en estado sólido. London, United Kingdom: Editorial Académica Española.

[7] Ferrer, J., Caldera, X., & Charles, Ch. (2024). Bioprocesses in science and technology. London, United Kingdom: LAP Lambert Academic Publishing.

[8] Muñoz-Villa, A., Sáenz-Galindo, A., López-López, L., Cantú-Sifuentes. L. y Barajas-Bermúdez, L. (2014). Ácido Cítrico: Compuesto Interesante. *Revista Científica de la Universidad Autónoma de Coahuila.* 6(12), 18-23. URL:https://www.academia.edu/34844431/%C3%81cido_C%C3%ADtrico_C ompuesto_Interesante_Citric_Acid_Interesting_Compound

[9] Fang Z. (2017). Métodos analíticos para la determinación de vitamina C en alimentos. (Trabajo Fín de Grado). Facultad de Farmacia. Universidad Complutense de Madrid. España.

[10] Rosales, P. (2010). Evaluación de la concentración del ácido cítrico extraído del jugo de piña. (Trabajo Especial de Grado en Ingeniería Química). Universidad Rafael Urdaneta. Maracaibo, Venezuela.

[11] UNED. 2024. Guía de alimentación y salud. Guía de nutrición. Facultad de Ciencias. Nutrición y Dietética. Red Enlaces del Ministerio de Educación de Chile. Universidad de Temuco. Chile. https://www2.uned.es/pea-nutricion-y-dietetica I/guia/guia_nutricion/index.htm

[12] Pérez, M. y Velázquez, F. (2021). Producción artesanal de ácido cítrico y vitamina C (ácido ascórbico) a partir del cajuil (*Anacardium occidentale L.*) y el mango (*Mangifera indica L.*). (Trabajo Especial de Grado en Ingeniería Química). Universidad Rafael Urdaneta. Maracaibo, Venezuela.

[13] Max B., Salgado J. M., Rodríguez N., Cortés S., Converti A., & Domínguez J. M. (2010). Biotechnological production of citric acid. *Brazilian Journal Microbiology, 41*(4), 862-75.
doi: 10.1590/S1517-83822010000400005.

[14] Maldonado, Y., Navarrete, H., Ortiz, O., Jiménez, J., Salazar, R., Tejacal, I. y Álverez, P. (2016). Propiedades físicas, químicas y antioxidantes de variedades de mango crecidas en la Costa de Guerrero. *Revista Fitotecnia Mexicana, 39*(3), 207-214.

[15] Maldonado, W. y Liñan, S. (2014). "Comparación del rendimiento del ácido cítrico extraído del semeruco (Mapighia emarginata) con respecto al extraído del limón, naranja y piña". (Trabajo Especial de Grado en Ingeniería Química). Universidad Rafael Urdaneta. Maracaibo, Venezuela.

[16] Gutiérrez, T., Hoyos, O. y Páez, M. (2007). Determinación del contenido de ácido ascórbico en uchuva (*Physalis peruviana L.*), por cromatografía líquida de alta resolución (CLAR). *Biotecnología en el Sector Agropecuario y Agroindustrial, 5(*1), 70-79.
https://www.redalyc.org/pdf/3808/380878916009.pdf

[17] Kumar, M., Saurabh, V., Tomar, M., Hasan, M., Changan, S., Sasi, M., Maheshwari, C., Prajapati, U., Singh, S., Prajapat, R. K., Dhumal, S., Punia, S., Amarowicz, R., & Mekhemar, M. (2021). Mango (*Mangifera indica L.*) Leaves: Nutritional Composition, Phytochemical Profile, and Health-Promoting Bioactivities. *Antioxidants, 10*(2), 299.
https://doi.org/10.3390/antiox10020299

[18] Yahia, E., Ornelas-Paz, J., Brecht, J., García-Solís, P., & Maldonado, M. (2023). The contribution of mango fruit (Mangifera indica L.) to human nutrition and health. *Arabian Journal of Chemistry, 16*(7), 104860.
https://doi.org/10.1016/j.arabjc.2023.104860.

[19] Lebaka, V. R., Wee, Y. -J., Ye, W., & Korivi, M. (2021). Nutritional Composition and Bioactive Compounds in Three Different Parts of Mango Fruit. *International Journal of Environmental Research and Public Health, 18*(2), 741. https://doi.org/10.3390/ijerph18020741

[20] Morales, L. L., Sinchigalo, R. L., Córdova, A. L. y Bedoya, M. L. (2024). Producción de Frutas Tropicales en Ecuador. Especialización productiva y función de optimización. *Revista Ciencia UNEMI, 17*(44), 177-193.
https://dialnet.unirioja.es/servlet/articulo?codigo=9752389

[21] Monge-Pérez, J. E. y Loría-Coto, M. (2024). Efecto de un bioestimulante sobre la producción de mango (*Mangifera indica L.*). *I+D Tecnológico, 20*(2), 5-12. https://doi.org/10.33412/idt.v20.2.4053

[22] Tomás, R., Washington, V., Narciso, F., García, C. y Karla, M. (2024). Caracterización Agro Socioeconómico de las Unidades de Producción de Mango (*Mangifera Indica*) en Tres Recintos del Cantón Pedro Carbo-Ecuador. *Ciencia Latina Revista Científica Multidisciplinar, 8*(5), 2818-2833. https://doi.org/10.37811/cl_rcm.v8i5.13746

[23] Arias Gorman, A., Sgroppo, S. y Zaritzky, N. (2024). Caracterización fisicoquímica de frutos de mango (*Mangifera indica L.*) silvestre de la provincia de Corrientes. *Investigaciones Básicas y Aplicadas en Alimentos, 1*, e001. https://doi.org/10.24215/30089336e001

[24] Vallejo, L. N. (2024). Comparación de métodos de extracción de aceites esenciales a partir de semillas de mango (*Manguifera indica L.),* maracuyá (*Passiflora edulis*) y tamarindo (*Tamarindus indica*). (Trabajo de Titulación Ingeniería Agroindustrial). Facultad de Ciencias Agropecuarias. Universidad Técnica de Babahoyo. Ecuador.

[25] Espinoza Morales, S., Calderón Santoyo, M. y Altamirano Medina, S. (2022). Aceptación y uso de tecnologías alternativas para mejorar la calidad de los productos agrícolas. *Revista De Investigación Académica Sin Frontera: Facultad Interdisciplinaria De Ciencias Económicas Administrativas. Departamento De Ciencias Económico Administrativas-Campus Navojoa, 37,* 11. https://doi.org/10.46589/rdiasf.vi37.453

[26] Taramona-Ruiz, L. A., Delgado-Huamán, C. K., Huatuco-Lozano, M. M., y Sánchez-Vargas, H. E. (2024). Formulación y evaluación de una compota de frutas tropicales enriquecida con harina gelatinizada de quinua. *Revista De Investigaciones De La Universidad Le Cordon Bleu, 11*(2), 23-34. https://doi.org/10.36955/RIULCB.2024v11n2.003

[27] Ávila-Palma, A., Contreras-Martínez, C., Gutiérrez-Hernández, R., Ramos-Muñoz, L., García-González, J., Carranza-Téllez, J. y Carranza-

Concha, J. (2023). Caracterización fisicoquímica, polifenoles totales y capacidad antioxidante en tres variedades de guayaba de la región de Santiago el Chique, Zacatecas. *Investigación y Desarrollo en Ciencia y Tecnología de Alimentos, 8*(1), 201–207.
https://doi.org/10.29105/idcyta.v8i1.28

[28] Gracia Gil, J. H., Hurtado Clopatosky, S. y Roa Guerrero, E. E. (2024). Tecnologías innovadoras para el manejo de frutales, énfasis en caducifolios, aguacate y frutas tropicales. *Revista Ciencia y Tecnología El Higo, 14(*1), 173–201. https://doi.org/10.5377/elhigo.v14i1.17977

[29] Campos, C. (2021). Métodos analíticos para la determinación de vitamina C. (Trabajo de fin de grado). Facultad de Farmacia. Universidad de la Laguna. Santa Cruz de Tenerife. España.

[30] Harris, D. (2006). Análisis químico cuantitativo. 3a Edición. Barcelona. España. Editorial Reverté, S. A.

[31] Alejos-Pineda, R., Arenas de Moreno, L., Ferrer, J., Castellano, G., Nuñez-Castellano, K. y Pérez-Pércz, E. (2022). Caracterización fisicoquímica del pseudo-fruto de dos tipos de merey (*Anacardium occidentale L.*) de una plantación en Mara, estado Zulia, Venezuela. *Revista Iberoamericana de Tecnología Postcosecha, 23*(2), 166. URL:
https://www.redalyc.org/journal/813/81373798007/html/

[32] Faneite, A., Borjas, M. y Ferrer, J. (2016). Estudio de factibilidad para el establecimiento de una fábrica semi-industrial de compotas de pseudofruto de caujil (*Anacardium occidentale L.*) en el estado Zulia. *Revista Tecnocientífica URU, 10*, 79-94. URL:
http://uruojs.insiemp.com/ojs/index.php/tc/article/view/251/329

[33] Cardozo, R., Faneite, A. y Ferrer, J. (2017). Elaboración de una mermelada artesanal a partir del pseudofruto del caujil. INIA, Divulga, 36, 44-51. URL: https://www.researchgate.net/publication/319838616_Elaboracion_de_mermel ada_a_partir_del_pseudofruto_de_caujil

[34] Sulbarán, B.; González, B.; y Fernández, V. Caracterización química y actividad antioxidante del pseudofruto de caujil (Anacardium occidentale L.). Revista de la Facultad de Agronomía, 30 (3), 454-469. (2013). URL: https://www.revfacagronluz.org.ve/PDF/julio_septiembre2013/v30n3a201345 5469.pdf

[35] Baptista A., Gonçalves, R.V., Bressan, J., & Pelúzio, M. D.C. G. (2018). Antioxidant and Antimicrobial Activities of Crude Extracts and Fractions of Cashew (*Anacardium occidentale L.*), Cajui (*Anacardium microcarpum*), and Pequi (*Caryocar brasiliense C.*): A Systematic Review. *Oxidative Medicine and Cellular Longevity*. 3753562, 13 pages.
doi:10.1155/2018/3753562.
https://onlinelibrary.wiley.com/doi/epdf/10.1155/2018/3753562

[36] Osuna, J., Guzmán, M., Tovar, B., Mata, M. y Vidal, V. (2002). Calidad del mango ataulfo producido en Nayarit, México. *Revista Fitotecnia Mexicana, 25*(4), 367 – 374. http://dx.doi.org/10.35196/rfm.2002.4.367

[37] Briceño, S., Zambrano, J., Materano, W., Quintero, I. y Valera, A. (2005). Calidad de los frutos de mango bocado, madurados en la planta y fuera de la planta cosechados en madurez fisiológica. *Agronomía Tropical, 56*(4), 461-473. https://ve.scielo.org/scielo.php?script=sci_arttext&pid=S0002192X200500040 0001

[38] Jibaja, L. y Sánchez, J. (2015). Determinación de la capacidad antioxidante y análisis composicional de la harina de cáscara de mango (*Mangífera indica*)

variedad "Criollo" procedente de la provincia de Sullana en Piura. *Tecnología & Desarrollo, 13*(1), 023-026. https://doi.org/10.18050/td.v13i1.748

[39] Vásquez, W. (2023). Biometria y características químicas proximales de la cáscara, pulpa, semilla y almendra del mango común (*Mangifera indica L.*) estados verde, pintón y maduro, de Yarinacocha. (Tesis para optar el título profesional de Ingeniero Agroindustrial). Universidad Nacional de Ucayali. Pucallpa, Perú.

[40] Zárate-Juárez, M., Bahena-Rodríguez, R., Flores-Castro, A., Lores-Castro, A. y Rodríguez-Rodríguez, J. (2020). Evaluación de mango (*Mangifera indica*) fresco en polvo del estado de Guerrero, obtenido mediante el método de secado por liofilización. *Foro de Estudios sobre Guerrero, 7*(1), 11-18. URL: https://revistafesgro.cocytieg.gob.mx/index.php/revista/article/view/520

[41] Betancourt, A. (2003). Obtención de ácido cítrico a partir de suero de leche por fermentación en cultivo líquido. (Trabajo Especial de Grado en Ingeniería Química, Universidad Nacional de Colombia). Manizales, Colombia.

[42] Arias, F. (2006). El Proyecto de Investigación. Introducción a la Metodología Científica (6ta ed.). Caracas: Episteme.

[43] Alcivar, Y., Gavilanes, P. y Solano S. (2017). Determinación del ácido ascórbico en jugos naturales e industriales. https://prezi.com/u3jrlo4rjvzj/determinacion-del-acido-ascorbico-en-jugos-naturales-e-industriales/

[44] Chávez, G. (2018). Producción y caracterización del fruto marañón (*Anacardium occidentale L.*) ubicado en el corregimiento de Zapatosa Municipio de Tamalameque. (Master Desarrollo Empresarial). Universidad popular del Cesar. Cesar, Colombia.

[45] Chang, R. y College, W. (2002). Química. México D.F: McGraw-Hill interamericana editores, S.A.

[46] Guerrero, L., Marín, B., Lerón, G. & Rincón, F. (2008). Caracterización fisicoquímica del fruto y pseudofruto de Anacardium occidentale L. (merey) en condiciones de secano. Revista de la Facultad de Agronomía, 25(1), 81-94.

[47] Gómez y Méndez. (1988). Producción de ácido cítrico empleando *A. Níger* ATCC 11414, efecto de (NH4 NO3) sobre la producción. (Trabajo Especial de Grado en Ingeniería Química, Universidad del Zulia). Maracaibo, Venezuela.

[48] Wall-Medrano, Abraham, Olivas-Aguirre, Francisco J., Velderrain-Rodríguez, Gustavo R., González-Aguilar, A., Rosa, Laura A. de la, López-Díaz, José A. y Álvarez-Parrilla, Emilio. (2015). El mango: aspectos agroindustriales, valor nutricional/funcional y efectos en la salud. Nutrición Hospitalaria, 31(1), 67-75. https://dx.doi.org/10.3305/nh.2015.31.1.7701

[49] Tamayo y Tamayo, M. (1998). El proceso de la investigación científica. México. Editorial Limusa.

[50] Hernández, Fernández y Baptista. (2014). Tipos de Investigación. McGrawHill, México.

[51] Zhongwei, F. (2017). Métodos analíticos para la determinación de vitamina C en alimentos. (Trabajo Especial de Grado en Farmacia, Universidad Complutense). Madrid, España.

[52] Comisión Venezolana de Normas Industriales. COVENIN 1315-21: Alimento. Determinación del pH (Acidez ionica). (1ra. Revisión). (2021). Comité Técnico CT-10: Productos Alimenticios. Subcomité Técnico de Normalización SC14: Métodos de Ensayo en su reunión No. 12-11 de fecha 26-12-2021. Caracas. Venezuela. Fondonorma.

[53] Comisión Venezolana de Normas Industriales. COVENIN 924-83: Frutas y productos derivados. Determinación de sólidos solubles por refractometría. (1raRev.). (1983). Comité Técnico CT-10: Alimentos. Subcomité Técnico SC 6: Frutas y productos derivados en su reunión No. 22-06 de fecha 09-08-1983. Caracas. Venezuela. Fondonorma.

[54] Comisión Venezolana de Normas Industriales. COVENIN 1156-79: Alimentos para animales. Determinación de humedad. (1979). Comité Técnico CT-10: Alimentos. Subcomité Técnico SC 8: Alimentos para animales en su reunión No. 06-03 de fecha 12-06-1979. Caracas. Venezuela. Fondonorma.

[55] Comisión Venezolana de Normas Industriales. COVENIN 1155-79: Alimentos para animales. (1979). Determinación de cenizas. Av. Andrés Bello Edif. Torre Fondo Común pisos 11 y 12. Caracas, Venezuela. Fondonorma.

[56] Comisión Venezolana de Normas Industriales. COVENIN 1219-2000: Carne y productos cárnicos. Determinación de grasa total. (3ra Revisión). (2000). Comité Técnico CT-10: Productos Alimentos. Subcomité Técnico SC 5: Productos Cárnicos.Frutas en su reunión No. 2000-12 de fecha 13-12-2000. Caracas. Venezuela. Fondonorma.

[57] Comisión Venezolana de Normas Industriales. COVENIN 1151-77: Frutas y productos derivados. Determinación de la acidez. (1977). Comité Técnico CT-10: Alimentos. Subcomité Técnico CT10/SC 6: Frutas, vegetales y productos derivados en su reunión No. 28-06 de fecha 06-12-1977. Caracas. Venezuela. Fondonorma.

MIX
Papier aus verantwortungsvollen Quellen
Paper from responsible sources
FSC® C105338

Printed by Books on Demand GmbH, Norderstedt / Germany